笨办法学
Python

原书第5版

[美] 泽德 A. 肖（Zed A. Shaw） 著
小甲鱼 译

清華大学出版社
北 京

北京市版权局著作权合同登记号　图字：01-2024-2305

内容简介

本书通过 60 个循序渐进的习题，帮助读者由浅入深地掌握 Python 这门编程语言。每个习题都以示例代码、运行结果、提问和答疑的形式呈现，并结合“温故知新”“常见问题”等板块，鼓励读者及时复盘、强化理解。

在前半部分（习题0～习题37），主要介绍Python的基础概念和常见用法，包括变量与命名、字符串与文本处理、文件操作、函数定义与使用、逻辑运算与控制流、列表与字典等常见数据结构。

在中后部分（习题 38 ～习题 60），读者将接触更为广阔的 Python 应用场景：从学习如何使用 Jupyter、PowerShell、Bash 等工具提升开发效率，到掌握项目骨架、Conda 环境管理、面向对象编程、高级语言特性、单元测试与覆盖率分析，再到实际项目中常见的“数据清洗”“网络爬虫”“API 获取数据”“pandas 数据转换”“SQL 数据库与 Python 交互”等实践主题。

本书可以作为计算机专业本科生教材，或对 Python 编程感兴趣的编程爱好者使用。

图书在版编目 (CIP) 数据

笨办法学 Python : 原书第 5 版 / (美) 泽德 · A. 肖 (Zed A. Shaw) 著 ; 小甲鱼译 .
北京 : 清华大学出版社 , 2025. 4. -- ISBN 978-7-302-68616-3

Ⅰ. TP312.8

中国国家版本馆 CIP 数据核字第 2025WJ6040 号

责任编辑：申美莹
封面设计：杨玉兰
版式设计：方加青
责任校对：胡伟民
责任印制：宋　林

出版发行：清华大学出版社
网　　址：https://www.tup.com.cn，https://www.wqxuetang.com
地　　址：北京清华大学学研大厦 A 座　　邮　　编：100084
社 总 机：010-83470000　　邮　　购：010-62786544
投稿与读者服务：010-62776969，c-service@tup.tsinghua.edu.cn
质 量 反 馈：010-62772015，zhiliang@tup.tsinghua.edu.cn
印 装 者：保定市中画美凯印刷有限公司
经　　销：全国新华书店
开　　本：170mm×240mm　　印　　张：18.5　　字　　数：390 千字
版　　次：2025 年 5 月第 1 版　　印　　次：2025 年 5 月第 1 次印刷
定　　价：89.00 元

产品编号：106344-01

译者序

翻译一本书，就像一场漫长而奇妙的旅程。起初，你或许是怀着些许好奇，想去探寻另一个世界的风景，但等到旅程结束时，你会惊喜地发现，不仅风景之美让人流连忘返，而且旅途中的每一个细节都已经深深烙印在你的记忆中。本书就是这样，而我，很荣幸能成为它的“旅人”。

这本书的原名是 Learn Python the Hard Way，直译过来是“用笨办法学 Python”。听起来有点吓人，对吧？但其实，这个“笨办法”并不是真的笨，而是一种返璞归真的学习方式。它让你从最基础的代码敲起，一步一步实践，摒弃了浮躁和投机的心态，用勤奋和坚持铺就通往编程世界的道路。正如书中提到的那样：“只有通过不断地敲代码、不断地犯错，你才能真正掌握编程的精髓。”这份执着与专注，恰恰是现代快节奏学习方式中最容易被忽略的。

在翻译的过程中，我常常会想起自己学习 Python 时的经历。那时候，我也是一个编程的“小白”，面对代码一头雾水，甚至觉得它们像是一群看不懂的“外星符号”。但后来我发现，编程其实并没有那么可怕。它更像一场游戏，每多敲一点代码，你就像解锁了一块新的地图区域。直到有一天，你突然意识到，这些曾经看似晦涩的代码，竟然可以让冷冰冰的计算机“听懂”你的想法，那种成就感，真的无法用语言形容。而《笨办法学 Python》正是这样一本书，它能带你感受这种从“看不懂”到“玩得转”的奇妙转变。

正因为如此，我在翻译的过程中力求保留作者 Zed Shaw 那种幽默、直白的风格。Zed 是一个非常有趣的作者，他用一种近乎“毒舌”的方式告诉你：“别偷懒，别投机，老老实实敲代码！”这种语气看似“不近人情”，却充满了对读者的关怀。因为他知道，学习编程的路上没有捷径，所有的“高手”都是从“菜鸟”一步步走过来的。而他希望通过这本书，帮助每一个读者走好自己的第一步。

当然，学习编程也不只是技术的积累，它更是一种思维方式的锻炼。编程教会我们如何分解问题、如何思考流程、如何用理性的方式解决困难。更重要的是，它让我们学会了耐心与坚持。这些品质不只对编程有用，对生活同样重要。

所以，当你翻开这本书时，不妨把它当作一次心灵的修行，而不仅仅是一次技能的学习。

最后，我想用我个人最喜欢的一句话作为结束语——“编程的美，不在于你能写出多么复杂的代码，而在于你用它解决了一个从未解决过的问题。”希望这本书能够成为你开启编程世界的一扇窗，让你在学习 Python 的过程中，找到属于自己的乐趣和成就感。本书提供配套的讲解视频和源代码，可扫描下方二维码获取。

祝学习愉快！

小甲鱼

2025 年 2 月 15 日

配套视频

配套代码

目录

习题 0　蓄势待发

本节习题没有代码，旨在确保 Python 能够在你的计算机上运行。请尽量保持与书中的操作一致。如果在学习的过程中遇到任何问题，可以在 https://learncodethehardway.com/setup/python/ 中寻求额外的帮助（国内读者可以在 https://fishc.com.cn 直接发帖提问）。

■ 通用指南

我们的首要任务是搭建一个编程环境。虽然每个程序员都可能定制自己的开发环境，但初学者需要一个简单易用的环境，以便顺利学习。随着课程的推进，你将有能力探索功能更复杂的工具，这将是一个有趣的过程。

搭建学习环境需要以下准备：

- Jupyter：本书将从一开始就使用 Jupyter，它是一个支持多种语言的开发和数据分析平台，我们将使用它来编写 Python 代码。
- Python：确保使用的 Python 版本高于 3.10。版本号的每个数字代表不同级别的更新。比如，Python 3.10 应该向后兼容 Python 3.8、Python 3.10.1 和 Python 3.10.2，各版本之间的差异通常只是小问题的修复。
- 基础文本编辑器：虽然程序员通常会使用功能较为复杂的文本编辑器，但对于初学者来说，选择一款易于上手的编辑器更为重要。
- 终端模拟器：终端模拟器是一种基于文本的命令界面，用于与计算机交互。如果你看过包含黑客和编程元素的电影，可能见过黑客在黑色背景的屏幕上快速地输入绿色文本，并使用他们的“unix exe 32 pipe attack”来对抗外星种族，这就是终端。随着学习的深入，你会发现终端非常强大，并且学起来也不难。

尽管你的计算机可能已经安装了大部分工具，我们仍会演示如何安装每个必要的工具。

■ 快速开始

本节习题旨在帮助你安装大部分工具。但如果想快速入门并减少工作量，请按以下步骤操作。

（1）安装 Anaconda 获取 Python 环境。

（2）安装 Jupyter，编写并运行代码。

- Windows：按下 Windows 键，并输入 jupyter-lab。
- Linux：打开终端，并输入 jupyter-lab。
- macOS：既可以在终端输入 jupyter-lab，也可以通过应用程序启动。

执行这些步骤后足以开始学习，但你最终会遇到使用终端操作和命令行的 Python 练习。届时，请回到本节并继续完成下面的完整指南。

■ 完整指南

最终，你将需要安装更多软件以完成所有习题。书中的安装指导可能会过时，为此，我们创建了一个服务页面，提供最新的操作系统安装指导和视频教程：https://learncodethehardway.com/setup/python/，该网页还涵盖了本书所需的勘误表。

如果你因某些原因无法访问该链接，那么以下是需要安装的软件。

（1）安装 Anaconda 获取 Python 环境。

（2）安装 Jupyter 编写和运行代码。

（3）安装 Geany 编辑文本。

（4）Windows 系统，使用 Cmder 作为命令行界面。

（5）macOS 系统，有 Terminal 终端，而 Linux 系统则可以选择任意终端软件。

■ 测试安装

安装好所有软件后，通过以下步骤确认一切正常工作。

（1）启动终端，并准确地输入命令 mkdir lpthw（注意：命令中间有一个空格）。

（2）一旦该命令执行成功，会有一个名为 lpthw 的目录。

（3）使用命令 cd lpthw 进入该目录。

（4）“目录”在 Windows 和 macOS 上也称为“文件夹”。可以通过在 Windows 上输入 start（在 macOS 上输入 open）来打开目录（注意：命令中间都有一个空格）。此时，终端中的目录就会与你所理解的文件夹概念联系起来。命令将在图形界面中打开当前目录的文件夹窗口，也是我们通常所熟悉的图形界面。

（5）Windows 上 start 命令（在 macOS 上是 open）的作用类似于使用鼠标

双击文件 / 文件夹的效果。如果在终端中并想要打开某个程序或文件，只需使用这个命令。例如，如果有一个名为“test.txt”的文本文件，你想要在终端中打开它，只需要输入 start test.txt 命令（在 macOS 上是 open test.txt）。

（6）现在你可以在终端中打开文件和其他内容了。首先是打开你的编辑器，如果按照指导操作，这应该是 Geany。启动它，并在刚才创建的 lpthw 目录中创建一个名为“test.txt”的文件，然后保存。如果找不到，记住你可以从终端使用 start（在 macOS 上是 open）命令打开它，然后通过该文件窗口找到它。

（7）一旦你在 lpthw 目录中保存了文件，就可以通过终端输入 ls test.txt 命令来确认它是否存在。如果出现错误，那么可能是因为当前终端位置不在 lpthw 目录中，需要输入 cd ~/lpthw，或者你将文件保存在了错误的位置。

（8）最后，在终端中输入 jupyter-lab 来启动 Jupyter 并确保能正常工作。这应该会打开你的网页浏览器，并来到 Jupyter 的应用界面。

请将以上这些任务视为必须需要解决的挑战。如果遇到困难，可以通过访问 https://learncodethehardway.com/setup/python/ 查看可能的更新和视频安装指南（国内读者可以在 https://fishc.com.cn 交流互助）。

■ 学习命令行

虽然你不需要立刻做这件事，但如果在后面的任务中遇到困难，那么可以考虑通过命令行速成课程（https://learncodethehardway.com/command-line-crash-course/）来学习终端（也称为“命令行”）的基础知识。虽然在后面一大段时间内，可能都不会需要用到这些技能，但命令行是允许我们使用文字控制计算机的绝佳方式。此外，它还将帮助你在以后的编程中处理许多其他任务。因此，学会它是百利而无一害的。

■ 下一步

一旦你的所有设置都正常运行，就可以继续进行课程的其他部分了。学习上如果遇到任何困难，可以通过电子邮件 help@learncodethehardway.com 联系作者。请详细描述问题并附上截图。国内读者可以在 fishc.com.cn 直接发帖提问，小甲鱼和众多 Python 爱好者都会尽全力帮助你。

习题 1 写好第一个程序

> 警告：如果你跳过了习题 0，那么说明你没有按照本书的正确顺序进行学习。你是否正在试图使用 IDLE 或其他 IDE 来完成练习呢？请不要这样做，如果你跳过了习题 0，请务必返回并完成它。

在习题 0 中，你应该花费了相当多的时间学习如何安装和运行 Jupyter，以及运行终端。如果你还没有掌握这些知识，请不要继续前进。否则，你将难以顺利完成本书中的习题。

请在 Jupyter 单元中输入以下文本：

代码 1.1: ex1.py

```
1 print("Hello World!")
2 print("Hello Again")
3 print("I like typing this.")
4 print("This is fun.")
5 print('Yay! Printing.')
6 print("I'd much rather you 'not'.")
7 print('I "said" do not touch this.')
```

你的 Jupyter 单元格应当看起来如图 1-1 所示。

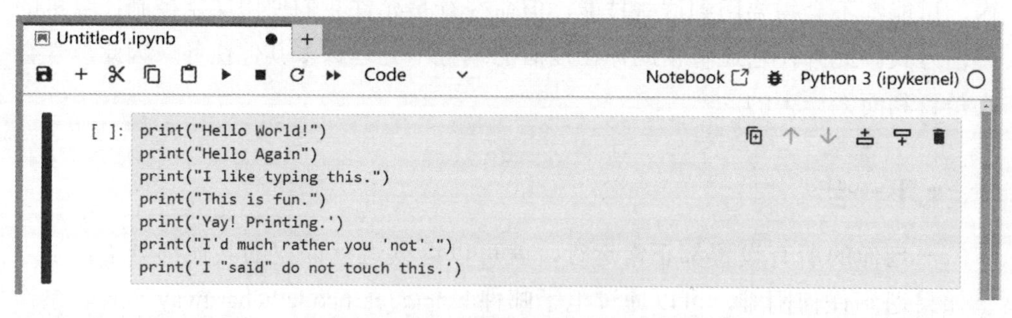

图 1-1

如果你的 Jupyter 窗口看起来不完全相同，也不必担心。它们可能会有一些差异，如不同的窗口标题、颜色，或者左侧显示的文件路径不同——这些都是可以接受的。

在创建这个单元时，请牢记以下几点。

（1）我没有在左侧输入行号。书中所列的行号是为了方便我在讲解时引用特定的代码行。你不需要在 Python 程序中输入行号。

（2）你的代码应当与我在单元中展示的完全一致。完全一致意味着所有字符都必须一模一样，这样程序才能按预期运行。颜色并不重要，重要的是输入的内容。

确保代码完全一致后，你可以按 Shift + Enter 快捷键来运行代码。如果你做得正确，应该会看到与本节习题“运行结果”相同的输出。如果不是，请检查是否有错误。记住，计算机只会严格按照给定的指令执行，请确保你的指令正确无误。

■ 运行结果

在按住 Shift 并按下 Enter 键后（书中简称为 Shift + Enter 键），Jupyter 的输出应当如图 1-2 所示。

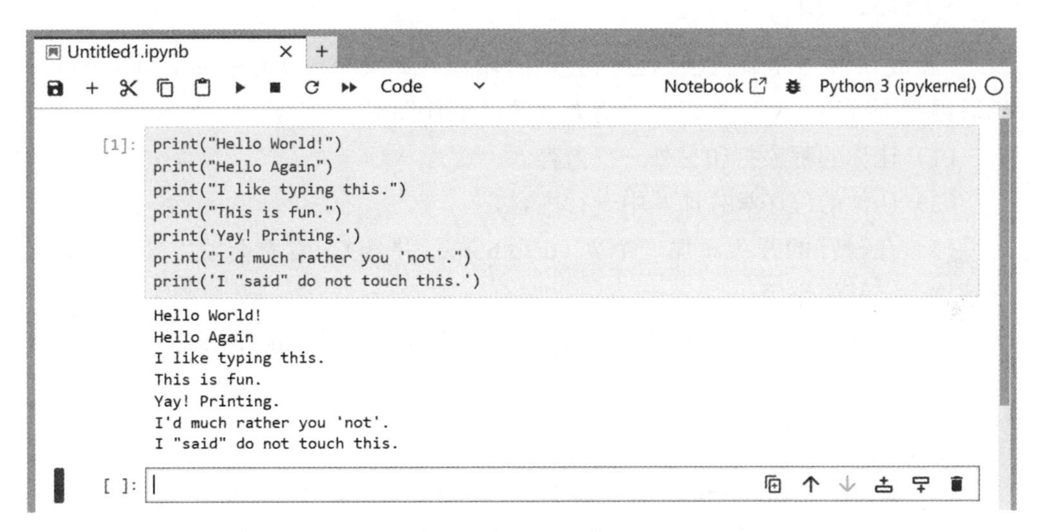

图 1-2

你可能会看到不同的窗口外观和布局，但关键是你输入的命令和输出结果应与图 1-2 一致。

如果遇到错误，可能会看到类似以下的提示。

```
1  Cell In[1], line 3
2    print("I like typing this.
```

```
3          ^
4  SyntaxError: unterminated string literal (detected at line 1)
```

能够理解这些错误信息很重要，因为在学习过程中你可能会遇到许多类似的错误。这是正常的，任何人在初学时都难免犯错。现在让我们逐行分析错误信息的内容：

（1）我们在 Jupyter 单元格中通过 Shift + Enter 键运行代码。

（2）Python 告诉我们代码的第 3 行有一个错误。

（3）它为我们打印了这行代码。

（4）然后，它用一个 ^ 字符指出问题所在。注意到代码末尾处缺少的 "（双引号的后半部分）了吗？

（5）最后，它打印出一个“SyntaxError”并告诉我们可能是什么错误。这些错误信息通常难以理解，但如果你将这段文本复制到搜索引擎中，会发现其他人也遇到过类似的错误，并且已经分享了解决方法。

■ 温故知新

“温故知新”环节包含你可以尝试的操作。如果暂时无法完成，可以跳过，稍后再回来练习。对于本习题，请尝试做以下几件事。

（1）让你的程序打印另外一行内容。

（2）让你的程序只打印其中一行内容。

（3）在一行的开头添加一个 #（octothorpe, 井号），看看会发生什么。尝试理解这个字符的作用。

从现在开始，除非某个习题与众不同，否则我不会详细解释每个习题的工作原理。

提示：“octothorpe”也被称为“pound”（镑号）、“hash”（哈希）、“mesh”（网格）或者其他名称，你可以选择一个让你觉得舒适的名称来称呼它。

■ 常见问题

以下是我的学生在做本习题时提出过的一些问题：

我可以使用 IDLE 吗？

建议你现阶段使用 Jupyter，稍后我们会介绍如何使用常规文本编辑器来获得更多功能。

在 Jupyter 中编辑代码很不方便，我可以使用文本编辑器吗？

当然可以。你也可以在 Jupyter 中创建一个 Python 文件，这样会得到一个“非常不错”的编辑器。查看 Jupyter 的左上角，单击蓝色 +（加号）按钮。这会带你回到初始使用 Jupyter 时看到的界面。在底部的“$_ Other”下，你会看到一个带有 Python 标志的 Python 文件按钮，单击它，你就会得到一个编辑器来编辑文件。

我的代码没有运行；我只看到了提示符，并没有任何输出。

你可能误解了我在单元格中输入的代码，认为 print("Hello World!") 只需要输入 "Hello World!"，而不用包括 print。实际上，你在单元格中输入的内容必须与我的完全一致。

■ 蓝色加号

如果你想要用 Jupyter 创建一个文件并使用它的编辑器，可以使用图 1-3 所示的蓝色加号。我在图 1-3 中标示了它的位置。

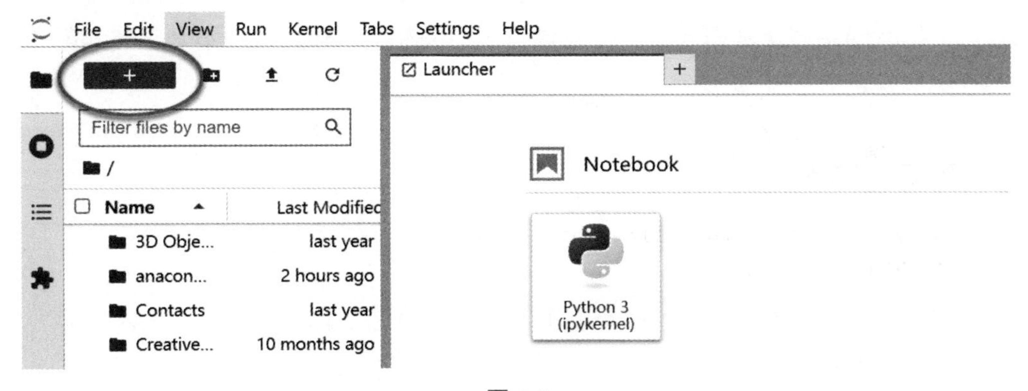

图 1-3

如果你没有看到这个界面，很可能是因为启动 Jupyter 的方式不对。请确保通过输入 jupyter-lab 命令来启动 Jupyter，而不是通过启动菜单中的 Jupyter Notebook。

习题 2 注释与 # 字符

注释在程序中非常重要，它可以帮助我们理解代码的功能。如果你想暂时停止某段代码的运行，可以通过注释来实现。在完成本节习题后，你将学会如何在 Python 中使用注释。

代码 2.1: ex2.py

```
1  # 注释可以帮助你更好地阅读程序
2  # 在 # 后面的所有内容都将被 Python 忽略
3
4  print("I could have code like this.") # 这里的注释不会被解析
5
6  # 通过注释，我们可以阻止某些代码运行
7  # print("This won't run.")
8
9  print("This will run.")
```

从现在开始，我会以这种方式编写代码。你需要理解，并非一切都必须按图索骥。如果我的 Jupyter 界面与你的略有不同，或者你使用的是另一种文本编辑器，但运行结果应该是相同的。你应该更多地关注文本输出，而不是字体和颜色等视觉效果。

■ 运行结果

```
1  I could have code like this.
2  This will run.
```

再次说明，我不会展示所有可能的终端界面截图。你应该理解，文本内容才是需要关注的重点。

■ 温故知新

（1）弄清楚 # 字符的作用，并且记住它的名称（“井号”或“井字”）。

（2）从最后一行开始，逆向检查代码的每一行，对照你输入的内容，确保每一个单词都是正确的。

（3）是否发现了错误？如果有，请及时改正。

（4）朗读输入的代码，把每个字符都读出来，这样做可以帮助初学者进一步

发现可能存在的错误。

■ 常见问题

你确定 # 字符的名称是 pound character 吗？

这个名字在任何国家都没有其他含义，而且所有人都能理解它的意思。每个国家都觉得他们的称呼最正确、最权威。我认为这是一种狭隘的观点。说实话，与其在这些细枝末节上纠结，不如把时间花在更重要的事情上，比如好好学习编程。

为什么 print("Hi # there.") 里面的 # 没被忽略掉？

这行代码里的 # 位于字符串内部，所以它属于字符串中的一部分，这时它只是一个普通字符，而不代表注释符号。

如何实现多行注释？

目前，你只需要在每一行的前面放置一个 # 就可以了。

我的键盘上找不到 # 字符，怎么办？

在一些不同语言的键盘上，可能需要通过 Alt 键组合才能输入 # 字符。建议你使用搜索引擎查找具体的解决方案。

为什么要让我倒着阅读代码？

倒着阅读代码可以避免你的大脑被代码的整体逻辑影响，这样可以更准确地处理每个片段，让你更容易发现代码中的错误。这确实是一个非常实用的排查错误的小技巧。

习题 3 数字与数学

几乎每种编程语言都包含处理数字和数学计算的方法。不要担心，尽管程序员看上去都像数学天才，但实际上并非如此，如果他们真的是数学天才，很可能会从事数学相关的工作，而不是编写一堆漏洞百出的代码。

在本节习题中，你将会接触到许多数学运算符，让我们先来初步了解它们。你需要一边写一边念出它们的名字，直到感觉烦躁为止。

- +：加号。
- -：减号。
- /：斜杠。
- *：星号。
- %：百分号。
- <：小于号。
- >：大于号。
- <=：小于或等于号。
- >=：大于或等于号。

你可能注意到，上面列出的只是一些符号，并没有解释它们的具体作用。现在，请完成下面的习题代码，然后回到上面的列表，写出每个符号的具体功能。例如，+ 用于进行加法运算。

代码 3.1: ex3.py

```
print("I will now count my chickes:")

print("Hens", 25 + 30 / 6)
print("Roosters", 100 - 25 * 3 % 4)

print("Now I will count the eggs:")

print(3 + 2 + 1 - 5 + 4 % 2 - 1 / 4 + 6)

print("Is it true that 3 + 2 < 5 - 7?")

print(3 + 2 < 5 - 7)

print("What is 3 + 2?", 3 + 2)
```

```
15 print("What is 5 - 7?", 5 - 7)
16 
17 print("Oh, that's why it's False.")
18 
19 print("How about some more.")
20 
21 print("Is it greater?", 5 > -2)
22 print("Is it greater or equal?", 5 >= -2)
23 print("Is it less or equal?", 5 <= -2
```

为了确保输入无误，请在运行代码前逐行核对。

■ 运行结果

```
1 I will now count my chickes:
2 Hens 30.0
3 Roosters 97
4 Now I will count the eggs:
5 6.75
6 Is it true that 3 + 2 < 5 - 7?
7 False
8 What is 3 + 2? 5
9 What is 5 - 7? -2
10 Oh, that's why it's False.
11 How about some more.
12 Is it greater? True
13 Is it greater or equal? True
14 Is is less or equal? False
```

■ 温故知新

（1）在每一行代码的上方使用 # 写注释，描述该行代码的作用。

（2）还记得习题 0 吗？用里面的方法运行 Python，然后使用刚学到的数学运算符，把 Python 当作计算器来玩一玩。

（3）找一个你想计算的内容，写一个新的 .py 文件并计算出结果。

（4）使用浮点数重写一遍 ex3.py。提示：20 是一个整数，而 20.0 则是一个浮点数。

■ 常见问题

为什么 % 用来表示求余数，而不是表示百分号？

这主要是因为设计它的程序员选择了这个符号。在写作时 % 表示百分号没问题，但在编程中我们用 / 表示除法，而求余数恰好使用了 % 符号，仅此而已。

% 是如何工作的？

换句话说，它表示“X 除以 Y 的余数是 J”，那么 % 运算的结果就是 J，例如“100 除以 16 的余数是 4”。

运算优先级是怎么一回事？

在英文中有一个助记符 PEMDAS，用于记住运算优先级，即“括号（Parentheses）、指数（Exponents）、乘法（Multiplication）、除法（Division）、加法（Addition）、减法（Subtraction）”。这也是 Python 中运算符的优先级。常见的误解是认为 PEMDAS 是绝对的顺序，必须依次进行。实际上，乘法和除法属于同一优先级，从左到右进行运算；同样，加法和减法也是同一级别，从左到右进行。所以你可以将 PEMDAS 记为 PE(M&D)(A&S)。

习题 4 变量与命名

你已经学会了 print 和算术运算符，下一步要学习的就是“变量”(variable)。在编程中，变量是用来指代某个事物的名称。变量名就像某个事物的标签，就像我的名字 Zed 是表示“写这本书的人”一样。通过使用变量名，程序员可以让代码更接近自然语言。此外，由于程序员的记性往往不太好（可能是因为熬夜过多），使用好的变量名可以让他们更容易理解和维护代码。如果我们在写程序时没有使用合适的变量名，那么下一次阅读代码时肯定会让人头疼不已。

如果你在完成本节习题时遇到困难，可以回顾一下之前的内容，注意找到不同之处并关注细节。

（1）在每一行代码的上方写注释，解释该行代码的作用。

（2）倒着阅读你的 .py 文件。

（3）朗读你的 .py 文件，确保每个字符都读出来。

代码 4.1: ex4.py

```
1  cars = 100
2  space_in_a_car = 4.0
3  drivers = 30
4  passengers = 90
5  cars_not_driven = cars - drivers
6  cars_driven = drivers
7  carpool_capacity = cars_driven * space_in_a_car
8  average_passengers_per_car = passengers / cars_driven
9
10
11 print("There are", cars,"cars available.")
12 print("There are only", drivers,"drivers available")
13 print("There will be", cars_not_driven,"empty cars today.")
14 print("We can transport", carpool_capacity,"people today.")
15 print("We have", passengers,"to carpool today.")
16 print("We need to put about", average_passengers_per_car,"in each
   car.")
```

提示：space_in_a_car 中的“_”是下画线（underscore）字符，这个

字符在变量里通常被表示为“空格”的含义，用来作为不同单词之间的间隔符。

■运行结果

```
1 There are 100 cars available.
2 There are only 30 drivers available
3 There will be 70 empty cars today.
4 We can transport 120.0 people today.
5 We have 90 to carpool today.
6 We need to put about 3.0 in each car.
```

■温故知新

刚开始编写这个程序时，我犯了一个错误，Python 给出了以下的错误信息。

```
1 Traceback (most recent call last):
2   Cell In[1], line 8, in <module>
3     average_passengers_per_car = car_pool_capacity / passenger
4 NameError: name 'car_pool_capacity' is not defined
```

请尝试理解这个错误信息，并在解释时添加行号，指出错误的原因。

巩固练习。

（1）我在程序里用了 4.0 作为 space_in_a_car 的值，这样做有必要吗？如果只使用整数 4 会有什么不同？

（2）记住，4.0 是一个浮点数，即带小数点的数，而 4 是一个整数。

（3）请为代码的上半部分添加注释。

（4）记住 = 被称为“赋值运算符”，它的作用是将右边的值赋给左边的变量名（如 cars_driven、passengers），这个过程也称为赋值操作。

（5）记住，_ 是下画线。

■常见问题

=（赋值）和 ==（等于）有什么不同？

= 的作用是将右边的值赋给左边的变量名，而 == 用于检查左右两边的值是否相等。稍后你会学到更多相关的用法。

将 x = 100 写成 x=100 也是可以的吧？

可以这样写，但这种写法并不好。操作符两边加上空格会让代码更易读。

怎么“倒着”阅读代码？

很简单，假如你的代码有 16 行，那么你就从第 16 行开始，逐行与本书的代码进行比较。接着对比第 15 行，以此类推，直到全部检查完毕。

为什么 space_in_a_car 的值是 4.0？

主要是为了让你熟悉浮点数，并且引发你思考这个问题。简单地说没有带小数点的是整数，带小数点的是浮点数。

习题 5 更多的变量与打印

在本节习题中，我们将输入更多的变量并将它们打印出来。这次我们将学习使用一种叫作“格式化字符串”（format string）的技术。每当我们使用双引号（""）将一些文本包裹起来时，就创建了一个字符串。字符串是程序向人们展示信息的方式，你可以打印它们、存储在文档中，或者将它们发送给 Web 服务器，等等。

字符串非常实用，在这个习题中我们将学习如何创建包含变量内容的字符串。要在字符串中嵌入变量的值，需要使用一个特殊符号 {}，并将变量名放在括号内。我们的字符串还需要以字母 f 开头，f 代表“格式化”（format），例如“f"Hello {somevar}"”。通过 f、单 / 双引号和 {} 的组合，我们告诉 Python：“这是一个格式化字符串，把这些指定变量的值放到字符串中。”

和之前一样，即使你还不能完全理解这些内容，也要确保一字不差地正确输入。

代码 5.1: ex5.py

```
1  my_name ='Zed A. Shaw'
2  my_age = 35 # not a lie
3  my_height = 74 # inches
4  my_weight = 180 # lbs
5  my_eyes ='Blue'
6  my_teeth ='White'
7  my_hair ='Brown'
8
9  print(f"Let's talk about {my_name}.")
10 print(f"He's {my_height} inches tall.")
11 print(f"He's {my_weight} pounds heavy.")
12 print(f"Actually that's not too heavy.")
13 print(f"He's got {my_eyes} eyes and {my_hair} hair.")
14 print(f"His teeth are usually {my_teeth} depending on the
   coffee.")
15
16 # 下面这一行代码比较难，尝试理解它
17 total = my_age + my_height + my_weight
18 print(f"If I add {my_age}, {my_height}, and {my_weight} I get
   {total}.")
```

■ 运行结果

```
1  Let's talk about Zed A. Shaw.
2  He's 74 inches tall.
3  He's 180 pounds heavy.
4  Actually that's not too heavy.
5  He's got blue eyes and Brown hair.
6  His teeth are usually Whtie depending on the coffee.
7  If I add 35, 74, and 180 I get 289.
```

■ 温故知新

（1）修改所有变量的名字，去掉它们前面的 my_ 前缀。确保每一处都修改到位，而不仅仅是修改几条赋值语句。

（2）尝试使用变量将英寸和磅转换成厘米和千克，不要直接输入结果，而是使用 Python 的数学功能来完成转换。

■ 常见问题

这样定义变量行不行：1 = 'Zed Shaw'？

不行。1 不是一个有效的变量名称。变量名要以字母开头，所以 a1 可以，但 1 则不行（变量名不能以数字开头）。

如何将浮点数四舍五入？

可以使用 round( ) 函数，比如 round(1.7333)。

为什么我还是搞不明白？

试着将程序里的数字看成你自己测量的数据。尽管这样做可能有点奇怪，但至少会让你有身临其境的感觉，从而帮助你理解这些概念。另外，你才刚刚开始学习，有些地方不明白是正常的。坚持练习，随后的习题将会助你渐入佳境。

习题 6 字符串与文本

虽然我们之前已经使用过字符串，但你可能还没有完全理解它们的广泛用途。在本节习题中，我们将通过使用更复杂的字符串来创建一系列变量。在此之前，先让我再次解释一下什么是字符串。

字符串通常是指你想要展示给别人看的，或者想要从程序里“导出”的一段文本内容。Python 可以通过成对的双引号（“”）或单引号（‘’）来识别字符串，这一点在前面的打印练习中已经展示过许多次。如果你将被引号括起来的文本放到 **print()** 的括号中，Python 就会将其打印出来。

我们前面已经介绍过格式化字符串。记住，变量是通过“变量名 = 值”代码格式来定义的。在本节习题的代码中，types_of_people = 10 创建了一个名为“types_of_people”的变量，其值为 10。我们可以通过 {types_of_people} 的方式将它嵌入任何字符串中。接下来你会看到我使用了一种特别的字符串类型，称为 f-string，形式如下：

```
1  f"some stuff here {avariable}"
2  f"some other stuff {anothervar}"
```

Python 还有另一种格式化字符串的方式，即使用 .format() 语法，如 ex6.py 中的第 17 行所示。当我们想要在已创建的字符串中应用格式化时（例如在稍后的“循环”章节中），你将看到它是如何运作的。

接下来，我们将输入大量的字符串、变量、格式化字符，并将它们打印出来。同时你还会练习使用简写的变量名，因为程序员往往习惯使用简短且难读的缩写来节省打字时间，所以让我们从现在开始练习，这样以后你就能轻松读懂并写出类似的代码。

代码 6.1: ex6.py

```
1  types_of_people = 10
2  x = f"There are {types_of_people} types of people."
3
4  binary = "binary"
5  do_not = "don't"
6  y = f"Those who know {binary} and those who {do_not}."
7
8  print(x)
9  print(y)
```

```
10
11 print(f"I said: {x}")
12 print(f"I also said: '{y}'")
13
14 hilarious = False
15 joke_evaluation = "Isn't that joke so funny?! {}"
16
17 print(joke_evaluation.format(hilarious))
18
19 w = "This is the left side of..."
20 e = "a string with a right side."
21
22 print(w + e)
```

■ 运行结果

```
1 There are 10 types of people.
2 Those who know binary and those who don't.
3 I said: There are 10 types of people.
4 I also said: 'Those who know binary and those who don't.'
5 Isn't that joke so funny?! False
6 This is the left side of...a string with a right side.
```

■ 温故知新

（1）在程序中的每一行代码上方写上解释其作用的注释。

（2）找出所有“将一个字符串嵌入另一个字符串”的代码。

（3）你确定只有 4 处吗？你是如何确定的呢？

（4）解释为什么 w 和 e 用 + 号连接后可以生成一个更长的字符串。

■ 不破不立

现在你可以尝试“破坏”你的代码，看看会发生什么。你可以将这个过程当作一场游戏，尽可能巧妙地破坏代码。一旦代码出错，就需要修复它。如果你的朋友也会 Python，你们可以互相挑战，尝试破坏对方的代码并进行修复。将你的代码保存在名为“ex6.py”的文件中，发给你的朋友，让他们来尝试破坏。然后，你再尝试发现并修复他们引入的错误。享受这个过程吧！记住，代码可以重写，如果破坏到无法修复的程度，重新输入一遍也可以，就当是额外的练习了。

■ 常见问题

为什么有的字符串使用单引号（"），有的却不是？

这主要是风格问题。我通常在字符串中包含双引号时使用单引号，看看第 5 行和第 15 行的代码，你就会明白我是如何处理的。

如果觉得代码中的笑话很好笑，可以写一句“hilarious = True”吗？

当然可以。在后续的习题中，你会学到更多关于布尔值的知识。

习题 7 组合字符串

接下来我们将通过一系列习题的锻炼。在这些习题中，你需要输入代码并让它们成功运行。我不会做太多的解释，因为本节的内容在之前或多或少已经出现过了。这一节的目的是巩固你所学到的知识。我们将在完成几个习题后再见。记住，不要跳过这些习题，也不要偷懒（直接复制粘贴）！

代码 7.1: ex7.py

```
1  print("Mary had alittle lamb.")
2  print("Its fleece was white as {}.".format('snow'))
3  print("And everywhere that Mary went.")
4  print("." * 10) # 这个的效果是怎样的？
5  
6  end1 = "C"
7  end2 = "h"
8  end3 = "e"
9  end4 = "e"
10 end5 = "s"
11 end6 = "e"
12 end7 = "B"
13 end8 = "u"
14 end9 = "r"
15 end10 = "g"
16 end11 = "e"
17 end12 = "r"
18 
19 # 注意后面的逗号，试着把它去掉，看看会发生什么
20 print(end1 + end2 + end3 + end4 + end5 + end6, end=' ')
21 print(end7 + end8 + end9 + end10 + end11 + end12)
```

■ 运行结果

```
1  Mary had alittle lamb.
2  Its fleece was white as snow.
3  And everywhere that Mary went.
4  ..........
5  Cheese Burger
```

■ 温故知新

在接下来的几个习题中，巩固练习的步骤是相同的。

（1）倒着阅读这段代码，并在每一行上方添加一条注释。

（2）倒着朗读每一行代码，找出自己的错误（如果有的话）。

（3）从现在开始，将你的错误记录下来，写在一张纸上。

（4）在开始下一个习题前，阅读一遍你记录下来的错误，并尽量避免在下一个习题中再次犯同样的错误。

（5）记住，每个人都会犯错。程序员和魔术师一样，他们希望大家认为自己从未犯错，但这只是表象，实际上他们每时每刻都可能会犯错。

■ 不破不立

习题 6 中“破坏程序”的游戏有趣吗？从现在开始，我要求你破坏所有你或你朋友编写的代码。我不会在每个习题中都提供“破坏程序”这一部分，但我在几乎所有的配套视频中都会这么做。你的目标是找出尽可能多的方式去破坏代码，直到你感到累了，或者所有的可能性都尝试过为止。有些习题中，我可能会指出一些常见的破坏代码的方法，不过即使我不指出，你也要将破坏代码当作必须完成的任务去执行。

■ 常见问题

为什么要用一个叫“"snow"”的变量？

其实这不是变量，而是一个内容为单词 snow 的字符串而已。变量名是不应该带引号的。

你在“温故知新”第 1 点中说“需要在每一行代码上方写一条注释”，必须要这样做吗？

不一定。通常情况下，添加注释是为了解释难以理解的代码，或者注明为什么要这样编写代码。后者通常更为重要。你应该尽量将代码写得足够清晰，最好一目了然。不过，有时候为了解决问题，你不得不提高代码的复杂度，导致代码难以理解，这时就需要添加注释。而这里的目的是让你逐渐学会将代码翻译成书面语言。

创建字符串时，使用成对的单引号和双引号都可以吗？它们有什么不同的用途吗？

在 Python 中，使用成对的单引号和双引号都是可以的。不过，一般来说，单引号更常用于创建简短的字符串，如“'a'”“'snow'”等。

习题 8 手动格式化字符串

现在让我们看看如何对字符串进行更复杂的格式化。下面这段代码看起来比较复杂，但如果你在每行上面都添加注释，应该就能够理解它的作用。

代码 8.1: ex8.py

```
1  formatter = "{} {} {} {}"
2
3  print(formatter.format(1, 2, 3, 4))
4  print(formatter.format("one","two","three","four"))
5  print(formatter.format(True, False, False, True))
6  print(formatter.format(formatter, formatter, formatter,
   formatter))
7  print(formatter.format(
8      "Try your",
9      "Own text here",
10     "Maybe a peom",
11     "Or a song about fear"
12 ))
```

■ 运行结果

```
1  1 2 3 4
2  one two three four
3  True False False True
4  {} {} {} {} {} {} {} {} {} {} {} {} {} {} {} {}
5  Try your Own text here Maybe a peom Or a song about fear
```

在本节习题中，我使用了一个叫作“函数”（function）的概念，它将 formatter 变量中的内容应用到其他字符串中。当你看到 formatter.format(...) 时，相当于我在告诉 Python 执行以下步骤。

（1）取第一行定义的 formatter 字符串。

（2）调用它的 format() 函数，这相当于告诉它执行一个叫 format 的命令。

（3）向 format() 函数传递 4 个参数，这些参数会与 formatter 变量中的 {} 依次匹配，相当于将参数传递给了 format 命令。

（4）在 formatter 上调用 format() 函数后，会得到一个新字符串，其中的 {}

被 4 个变量替换掉了，也就是 print() 函数打印出来的结果。

对于习题 8 来说，这些内容足够你消化一阵子了，试着挑战一下自己吧！如果实在搞不懂也没关系，后面的习题会逐步帮助你掌握这些概念。现在只需尝试理解，然后继续进行下一节习题学习。

■ 温故知新

重复习题 7 中的“温故知新”部分。

■ 常见问题

为什么 "one" 要用引号，而 True 和 False 不需要？

因为 True 和 False 是 Python 的关键字，用来表示真和假的概念。如果加了引号，它们就变成了字符串，从而无法发挥它们原本的功能。稍后的习题会对此进行详细讲解。

是否可以用 IDLE 运行这段代码？

不建议使用 IDLE。你应该学习使用命令行。命令行在学习编程时非常重要，而且是一个绝佳的初学环境。随着本书内容的深入，IDLE 将越来越无法满足学习需求。

习题 9 多行字符串

现在你应该已经发现了这本书的规律，那就是通过不止一节习题来教会你新的知识。我会先展示一些可能让你感到困惑的代码，然后通过更多的习题来解释这些概念。如果你现在还无法完全理解，不要担心，随着不断地练习，你会逐渐掌握。把你不懂的内容记下来，然后继续做习题就好。

代码 9.1: ex9.py

```
1  # 这是一些新鲜的内容，记住要准确地输入它们
2  days = "Mon Tue Wed Thu Fri Sat Sun"
3  months = "Jan\nFeb\nMar\nApr\nMay\nJun\nJul\nAug"
4
5  print("Here are the days: ", days)
6  print("Here are the months: ", months)
7
8  print("""
9  There's something going on here.
10 With the three double-quotes.
11 We'll be able to type as much as we like.
12 Even 4 lines if we want, or 5, or 6.
13 """)
```

■ 运行结果

```
1  Here are the days:  Mon Tue Wed Thu Fri Sat Sun
2  Here are the months:  Jan
3  Feb
4  Mar
5  Apr
6  May
7  Jun
8  Jul
9  Aug
10
11 There's something going on here.
12 With the three double-quotes.
13 We'll be able to type as much as we like.
14 Even 4 lines if we want, or 5, or 6.
```

■ 温故知新

重复习题 7 中的“温故知新”部分。

■ 常见问题

为什么在 """ 三引号之间加入空格会出错？

你必须写成 """，而不是 " " "，引号之间不能有空格。

如何将月份写到新行？

只需在字符串中需要换行的地方插入“ \n ”即可，例如：

```
1  "\nJan\nFeb\nMar\nApr\nMay\nJun\nJul\nAug"
```

我的大部分错误都是拼写错误，是不是很差劲？

对于初学者甚至进阶者来说，编程中的大部分错误确实都是简单的拼写错误、输入错误，或者是将某些简单的顺序搞错了。这种粗心大意其实是学习过程中非常常见的现象，无须过于担心。

习题 10 字符串中的转义字符

在习题 9 中，我们接触了一些新内容，进行了持续的挑战。并且，我们还学习了两种显示多行字符串的方法。

第一种方法是在月份之间使用“\n”进行分隔。“\n”的作用是在该位置插入一个换行符（new line character）。

通过使用反斜杠（\），可以将一些难以输入的字符插入字符串中。针对不同的符号，有许多这样的“转义序列”（escape sequence）。接下来我们将尝试几个常见的转义序列，通过练习，你会逐渐理解它们的含义。

其中，比较重要的转义序列是用于转义单引号（'）和双引号（"）。想象一下，如果你有一个用双引号括起来的字符串，而你还想在字符串内部包含另一组双引号，比如写 "I "understand" Joe."。在这种情况下，Python 会将 "understand" 前面的双引号误认为是字符串的结束符号，导致解析错误。为了避免这种情况，你需要使用转义字符告诉 Python，字符串内部的这些引号并不是表示字符串的边界，而是作为内容的一部分。

要解决这个问题，你需要对双引号和单引号进行转义，让 Python 将引号包含在字符串中。请看以下示例：

```
2  "I am 6'2\" tall."  # 在字符串中转义双引号
3  'I am 6\'2" tall.'  # 在字符串中转义单引号
```

第二种显示多行字符串的方法是使用“三引号”，即 """。你可以在一组三引号之间放入任意多行文本，我们马上就会进行尝试。

代码 10.1: ex10.py

```
1  tabby_cat = "\tI'm tabbed in."
2  persian_cat = "I'm split\non a line."
3  backslash_cat = "I'm \\ a \\ cat."
4
5  fat_cat = """
6  I'll do a list:
7  \t* Cat food
8  \t* Fishies
9  \t* Catnip\n\t* Grass
10 """
11
12 print(tabby_cat)
```

```
13 print(persian_cat)
14 print(backslash_cat)
15 print(fat_cat)
```

■运行结果

请注意打印出来的制表符（tab），在本节习题中，文字间的间隔对于得到正确的结果至关重要。

```
1         I'm tabbed in.
2  I'm split
3  on a line.
4  I'm \ a \ cat.
5
6  I'll do a list:
7         * Cat food
8         * Fishies
9         * Catnip
10        * Grass
```

■转义序列

表 10-1 列出了 Python 支持的所有转义序列。虽然这里面有很多你可能不会经常用到，但仍然要记住它们的格式和功能。试着在字符串中应用它们，看看它们能否如预期那样工作。

表 10-1　Python 支持的转义序列

转义字符	功能
\\	反斜杠（\）
\'	单引号（'）
\"	双引号（"）
\a	ASCII 响铃符（BEL）
\b	ASCII 退格符（BS）
\f	ASCII 进纸符（FF）
\n	ASCII 换行符（LF）
\N{name}	Unicode 数据库中的字符名，其中 name 是它的名字，仅 Unicode 适用
\r	ASCII 回车符（CR）
\t	ASCII 水平制表符（TAB）

续表

转义字符	功能
\u××××	值为 16 位十六进制值 ×××× 的字符
\U××××××××	值为 32 位十六进制值 ×××××××× 的字符
\v	ASCII 垂直制表符（VT）
\ooo	值为八进制值 ooo 的字符
\xhh	值为十六进制值 hh 的字符

■ 温故知新

（1）将这些转义序列记在笔记中，并记住它们的含义。

（2）用 '''（3 个单引号）替代 """（3 个双引号），想象一下在哪些场合下需要这么做。

（3）将转义序列和格式化字符串结合起来，创建一种更复杂的字符串格式。

■ 常见问题

我还没完全理解上一个习题，应该继续吗？

可以继续前进。遇到不懂的内容就把它记到笔记中（或者在鱼 C 论坛发起讨论帖）。在完成更多习题后，再回头看看笔记中不懂的地方，也许就会突然明白了。不过有时你可能仍需重温相关习题。

“\\”和其他符号相比，有什么特别之处吗？

这样做是为了输出一个反斜杠（\）字符。想一想，为什么要用两个反斜杠来表示一个反斜杠呢？

为什么我写的“//”和“/n”没有起作用？

因为你使用了斜杠（/）而不是反斜杠（\），它们是不同的字符，功能也完全不同。

“温故知新”第 3 条中提到“将转义序列和格式化字符串结合起来”，这是什么意思？

我希望你能明白，这些习题中学到的所有知识点都是可以结合使用的，以解决更复杂的问题。试着将你学过的格式化字符串与刚刚掌握的转义序列结合起来，编写一些新的代码，来应对更复杂的场景。

''' 和 """ 哪个更好？

这纯粹是风格选择。你现在可以使用 '''，但需要根据具体的情况决定使用哪种引号合适，这也取决于将来开发团队的统一规范。

习题 11 向人提问

前几节习题主要是与打印相关，目的是让你逐渐习惯编写简单的代码。现在我们要加快步伐了，本节的目标是将数据读取到你的程序中。对于你来说，这可能会有些难度，但请相信我，无论如何先完成这节习题，只需坚持几节习题的练习，你就能掌握这些技能。

一般来说，软件通常会执行以下几件事情。

- 接收输入内容。
- 对输入内容进行加工。
- 打印出处理后的内容。

截至目前，我们只学习了如何打印输出，但还没有接触到如何接收数据或修改输入内容。你可能还不太清楚“输入”具体指的是什么。所以，闲话少说，让我们通过习题来逐步理解这些概念。在接下来的习题中，我们会进一步解释。

代码 11.1: ex11.py

```
1 print("How old are you?", end =' ')
2 age = input()
3 print("How tall are you?", end =' ')
4 height = input()
5 print("How much do you weigh?", end =' ')
6 weight = input()
7
8 print(f"So, you're {age} old, {height} tall and {weight} heavy.")
```

提示：我在每行的 print() 函数中加了 end='', 目的是告诉 print() 函数不要在这一行末尾自动换行。

■ 运行结果

```
1 How old are you? 38
2 How tall are you? 6'2"
3 How much do you weigh? 180lbs
4 So, you're 38 old, 6'2" tall and 180lbs heavy.
```

■ 温故知新

（1）上网查一下 Python 中 input() 函数的功能是什么。

（2）你能找到它的其他用法吗？测试一下你在网上找到的例子。

（3）用类似的格式再写一段代码，提出一些其他的问题。

■ 常见问题

如何读取用户输入的数值并进行数学计算？

这算是一个稍微高级一点的话题，你可以试试这样写：x = int(input())。这行代码会从 input() 获取字符串形式的数值，然后使用 int() 将其转换为整数。

我像 input("6'2") 这样把身高写到原始输入中，但怎么没效果？

不应该这样写。只有从命令行输入内容时才有效。你需要先将代码写得和上面展示的一模一样，然后运行程序。当它暂停时，用键盘输入你的身高，这样就可以了。

习题 12 更简单的提示方式

当我们使用 input() 时，需要输入一对圆括号。这与格式化输出两个或更多变量时的情况类似，比如 "{} {}".format(x, y) 也需要一对圆括号。对于 input()，我们还可以让它显示提示内容，以便告诉用户应该输入什么内容。只需在括号内放入你想要作为提示的字符串，如下所示。

```
1  y = input("Name?")
```

上面代码会用 "Name?" 作为提示内容，然后将用户输入的结果赋值给变量 y。这种方式通常用于提示并获取输入。

接下来，我们将利用 input() 重写上一节的习题，所有的提示都可以通过 input() 函数实现。

代码 12.1: ex12.py

```
1  age = input("How old are you?")
2  height = input("How tall are you?")
3  weight = input("How much do you weigh?")
4
5  print(f"So, you're {age} old, {height} tall and {weight} heavy.")
```

■ 运行结果

```
1  How old are you? 38
2  How tall are you? 6'2"
3  How much do you weigh? 180lbs
4  So, you're 38 old, 6'2" tall and 180lbs heavy.
```

■ 温故知新

（1）在你的 Jupyter 单元格中，鼠标右键单击任何一个 print() 函数，并选择 Show Contextual Help，你将看到 print() 函数的“快速帮助文档”。

（2）如果面板显示“Click on a function to see documentation.”，那么需要先使用 Shift + Enter 快捷键来运行代码，然后再次单击 print() 函数。

（3）接下来，去网上搜索“python print site:python.org”来获取 Python 的 print() 函数的官方文档。

■ 常见问题

为什么“快速帮助文档”会消失？

我不确定具体原因，但我猜测是因为在你编辑代码时，系统无法准确判断你想查看哪个函数的文档。运行代码后，这个功能才会正常生效。你也可以尝试单击其他单元格中的任意函数来查看帮助文档。

这些帮助文档是从哪里来的？

这些文档来自代码本身的文档注释，这也是它们与在线帮助文档不完全相同的原因。你应该养成同时阅读这两种文档的习惯。

习题 13 参数、解包、变量

我们现在将快速进入 Python 的终端世界（也称为 PowerShell）。如果你正确完成了习题 0 中的“入门”部分，应该已经学会了如何启动终端。如果没有，那么只需在 Windows 上找到一个名为 PowerShell 的程序，或在 macOS 上找到 Terminal，然后打开它们即可。通过本书的后续内容，你将学习如何更全面地使用终端。不过在本节习题中，我们只进行一个简单的测试。

首先，使用 Jupyter 创建一个名为“ex13.py”的新文件。

（1）在左侧有一个显示目录文件的列表。

（2）在列表上方有一个蓝色的 + 按钮。

（3）单击该按钮并滚动到底部，那里应该有一个 Python“蓝黄蟒蛇”标志的文件按钮。

（4）单击该按钮，会打开一个新的面板，你可以在其中输入代码。

（5）随后使用鼠标选择“文件”→“保存 Python 文件”，或按 Ctrl + S 快捷键。

（6）将弹出一个“重命名文件”的模态窗口。输入“ex13”，它应该会保留 .py 扩展名，确保输入框中显示的名称为“ex13.py”。

（7）单击蓝色的“重命名”按钮以将文件保存到该目录中。

一旦文件被保存，你就可以在文件中输入以下代码。

代码 13.1: ex13.py

```
1  from sys import argv
2
3  script, first, second, third = argv
4
5  print("The script is called:", script)
6  print("Your first variable is:", first)
7  print("Your second variable is:", second)
8  print("Your third variable is:", third)
```

建议一次只输入 1~2 行代码，然后按以下步骤操作。

（1）再次保存你的文件。按 Ctrl + S 快捷键是最简单的方式，但如果你记不住，可以使用菜单中的“保存”按钮。这次它不会要求你“重命名”文件，而是直接保存。

（2）你的文件现在已保存在项目目录中。如果还记得习题 0 中的“入门”，我们在“~/Projects/lpythw”中创建了一个目录，当你运行 jupyter-lab 时，首先需要在终端执行 cd ~/Projects/lpythw。

（3）现在，启动一个新的终端（在 Windows 上称为 PowerShell），并再次执行 cd ~/Projects/lpythw。

（4）最后，输入 python ex13.py first 2nd 3rd 命令。执行这条命令后，你可能不会看到任何输出！这是因为你可能只输入了前面两行代码，所以程序中如果没有打印语句，就不会打印任何东西，这是正常的。如果你遇到错误，请停下来，检查你是否做错了什么。你是否正确输入了命令？如果你只是运行了 python ex13.py 命令而没有添加参数，那也是错误的。你必须准确输入 python ex13.py first 2nd 3rd 命令（注意：中间有空格）。

■ 如果你迷路了

如果你不确定自己在计算机中的位置，可以在 macOS 上使用 open . 命令，在 Windows 上使用 start . 命令。例如，在 macOS 上输入：

```
1  open .
```

它将打开一个窗口，显示出终端当前所在目录的内容。

在 Windows 的 PowerShell 内，当你输入：

```
1  start .
```

同样的操作也会在 Windows 中生效。这样做有助于你将“文件在窗口中的位置”与“文件在终端（或 PowerShell）中的路径”联系起来。

如果这是你第一次看到这个建议，请回到习题 0“入门”部分进行复习，因为你可能错过了这个重要的概念。

■ 代码描述

第 1 行的 import 语句用于将 Python 的特定功能引入程序中。Python 不会默认加载所有功能，而是让你根据需求自行引入。这样不仅能让你的程序保持简洁，还能帮助其他程序员在阅读你的代码时，通过 import 语句快速了解程序所依赖的功能。

argv 是所谓的“参数变量”（argument variable），这是一个非常标准的编程术语。你在其他编程语言中也会看到，这个变量保存着你运行 Python 程序时传递给它的参数。通过后面的习题，你将会更深入地了解它。

第 3 行将 argv 进行解包（unpack），与其将所有参数放在一个变量中，不如将它们分别赋值给 4 个变量：script、first、second 和 third。这可能看起来有些奇怪，但“解包”可能是最好的描述方式。它的含义很简单：“将 argv 中的内容取出、拆解，并依次赋值给左边的这些变量。”

接下来就是正常的打印操作了。

■ 等一下！“特性”还有另外一个名字

之前我们通过 import 为你的 Python 程序添加了更多的功能，虽然我们将这些功能称为“特性”，但实际上并没有人这样称呼它们。我希望在你接触正式术语之前，先理解它们的作用。在继续学习之前，你需要知道它们的正式名称——模块（module）。

从现在开始，我会把通过 import 导入的这些功能称为模块。你会遇到类似这样的说法，“我们需要导入 sys 模块”。有时它们也被称为“库”（library），但我还是习惯称它们为模块。

■ 运行结果

之前的 Python 程序运行时没有添加命令行参数，如果你只是输入 python3.6 ex13.py，那是错误的。务必仔细看我是如何运行它的。今后，凡是涉及 argv 的程序，都需要特别小心。

像下面这样运行你的程序（注意：必须传递 3 个命令行参数）：

```
1  $ python ex13.py first 2nd 3rd
2  The script is called: ex13.py
3  Your first variable is: first
4  Your second variable is: 2nd
5  Your third variable is: 3rd
```

如果每次使用不同的参数运行，将会看到类似下面的结果：

```
1  $ python ex13.py stuff things that
2  The script is called: ex13.py
3  Your first variable is: stuff
4  Your second variable is: things
5  Your third variable is: that
```

这里还有一个例子，显示参数可以是任何内容：

```
1  $ python ex13.py apple orange grapefruit
2  The script is called: ex13.py
3  Your first variable is: apple
```

```
4 Your second variable is: orange
5 Your third variable is: grapefruit
```

实际上，你可以将 first、2nd、3rd 替换为任意你想要的 3 个内容。

如果程序没有正确运行，你将看到类似以下的错误信息：

```
Command failed: python ex13.py first 2nd Traceback (most recent call last): File "/Users/zedshaw/Projects/learncodethehardway.com/private/db/mod ules/learn-python-the-hard-way-5e-section-1/code/ex13.py", line 3, in script, first, second, third = argv ValueError: not enough values to unpack (expected 4, got 3)
```

■ 温故知新

（1）给你的程序传入少于 3 个参数，看看会得到什么错误信息，试着解释一下。

（2）再写两个程序，其中一个接收更少的参数，另一个接收更多的参数，在参数解包时给它们取一些有意义的变量名。

（3）将 input() 和 argv 一起使用，让程序从用户那里得到更多的输入。不要想得太复杂，只是用 argv 得到一些输入，用 input() 从用户那里获取其他输入。

（4）记住，“模块”为你提供额外的功能。多读几遍，把“模块”这个词记住，因为后面会经常用到它。

■ 常见问题

运行程序时我遇到了“ValueError: need more than 1 value to unpack”。

记住，留意细节是非常重要的。如果你查看“运行结果”部分，会看到我在命令行上是如何使用参数运行程序的。

argv 和 input() 有什么不同？

不同点在于用户输入的时机。如果参数是在用户执行命令时输入的，那就用 argv；如果是在程序运行过程中需要用户输入，那就用 input() 函数。

命令行参数是字符串吗？

是的。即使你在命令行输入的是数字，也需要用 int() 将它转换成整数，比如 int(input())。

命令行应该怎么使用？

这部分知识你应该已经学会了，如果还有疑问，可以查看“附录”的内容。

为什么 argv 和 input() 不能一起使用？

当然可以，尝试在程序结尾加上两行 input()，随便读取用户输入，然后打印出来。慢慢地在同一个程序中尝试将这两者结合起来使用。

为什么“input('?') = x”没有作用？

因为你把它写反了。

为什么你建议我一次输入一行代码？

初学者，甚至专业程序员最大的错误之一就是一次性输入了过多代码，运行后却发现需要修复许多错误，从而感到沮丧。编程语言中的错误提示往往不够准确，经常指向了错误的位置。如果一次只输入几行代码，并且频繁运行，每当遇到错误时，就能很快地定位到问题所在。而如果一次输入 100 行代码，可能要花费几天时间来排查错误的位置。为了避免这种麻烦，建议只输入少量代码，并逐步调试。这也是我和大多数优秀程序员在实际工作中所采用的开发技巧。

习题 14 提示和传递

在本节习题中，我们将结合使用 argv 和 input() 向用户提问。下一节习题将涉及如何读写文件，而本节内容是为此打基础。在这次练习中，我们会稍微改变 input() 的使用方式，让它显示一个简单的 > 作为输入提示符。

代码 14.1: ex14.py

```
1  from sys import argv
2
3  script, user_name = argv
4  prompt ='>'
5
6  print(f"Hi {user_name}, I'm the {script} script.")
7  print("I'd like to ask you a few questions.")
8  print(f"Do you like me {user_name}?")
9  likes = input(prompt)
10
11 print(f"Where do you live {user_name}?")
12 lives = input(prompt)
13
14 print("What kind of computer do you have?")
15 computer = input(prompt)
16
17 print(f"""
18 Alright, so you said {likes} about liking me.
19 You live in {lives}. Not sure where that is.
20 And you have a {computer} computer. Nice.
21 """)
```

我们将用户提示符设置为变量 prompt，这样就不需要在每次用到 input() 时反复输入相同的提示符。这样做的另一个好处是，如果需要更改提示符，只需修改一个地方即可，非常方便。

警告：请记住，你必须像在习题 13 中那样使用终端来运行这段代码。了解如何从终端运行代码非常重要，因为这是运行 Python 代码的常见方式。

■ 运行结果

运行这个程序时，记得把你的名字作为参数传递给它，让 argv 参数接收到你的名字。

```
1  Hi zed, I'm the ex14.py script.
2  I'd like to ask you a few questions.
3  Do you like me zed?
4  >  Yes
5  Where do you live zed?
6  >  San Francisco
7  What kind of computer do you have?
8  >  Tandy 1000
9
10 Alright, so you said Yes about liking me.
11 You live in San Francisco.  Not sure where that is.
12 And you have a Tandy 1000 computer.  Nice.
```

■ 温故知新

（1）搜索一下 *Zork* 和 *Adventure* 这两款游戏，了解它们的背景，看看能否找到一个版本下载并体验一下。

（2）将 prompt 变量修改为完全不同的内容，然后再次运行程序。

（3）为你的程序添加一个额外的参数，并使用这个参数，与上一个习题中的 first, second = argv 类似。

（4）确保你理解如何像 ex14.py 中最后一行的 **print()** 函数那样，将 """ 风格的多行字符串与 {} 格式化工具结合使用。

（5）试着在 Jupyter 中运行程序，可能需要将 argv 参数替换为其他代码，比如一些变量。

■ 常见问题

运行程序时出现“SyntaxError: invalid syntax”。

再次强调，你应该在命令行而不是在 Python 交互环境中运行该程序。如果你先输入 python，然后试图输入 python ex14.py Zed，就会出现这个错误，这是因为你是在 Python 的交互环境中运行 Python 命令。请关闭交互环境，直接在命令行中输入 python ex14.py Zed 即可。

修改提示符是什么意思？

查看变量 prompt ='>'，将其修改为其他值。这应该难不倒你，只是修改一个字符串而已。前面的 13 节习题都是关于字符串的，花点时间搞定它。

发生错误："ValueError: not enough than 1 value to unpack"。

记得我们之前提到，在"运行结果"部分重复示例操作。这次也需要你跟着一起完成，注意正确输入命令行参数，并思考为什么需要提供这些参数。

如何用 IDLE 运行这些代码？

不要使用 IDLE。

我可以用双引号定义 prompt 变量的值吗？

当然可以，试试看就知道了。

你有一台 Tandy 计算机？

我小时候有过一台。

运行这段程序时出现"NameError: name 'prompt' is not defined"。

要么是拼写错误，要么是漏写了一行代码。回头认真检查，从最后一行开始逐行对比，看看你的代码是否与书中的一致。通常这种错误意味着你可能拼错了单词，或者没有定义这个变量。

习题 15 读取文件

我们已经学习了如何使用 input() 和 argv 来获取用户输入，现在要进一步学习如何读取文件。这部分内容需要多加练习，才能真正掌握其工作原理。因此，请务必认真完成这节习题，并仔细检查你的结果。处理文件时必须格外小心，否则可能会意外损坏或删除重要文件，造成无法挽回的损失。

本节习题涉及编写两个文件：一个是正常的 ex15.py 文件；另一个是 ex15_sample.txt 文件。第二个文件并不是程序，而是供你的程序读取的文本文件，以下是该文本文件的内容：

```
1  This is stuff I typed into a file.
2  It is really cool stuff.
3  Lots and lots of fun to have in here.
```

我们的目标是通过程序打开该文件，并将其内容打印出来。然而，将文件名“ex15_sample.txt”“写死”（Hardcode）在代码中并不是一个好主意。文件名应该由用户输入，这样程序在处理其他文件时才不会出现问题。解决方案是使用 argv 和 input()，询问用户需要打开哪个文件，而不是在代码中“写死”文件名。

代码 15.1: ex15.py

```
1   from sys import argv
2
3   script, filename = argv
4
5   txt = open(filename)
6
7   print(f"Here's your file {filename}:")
8   print(txt.read())
9
10  print("Type the filename again:")
11  file_again = input(">")
12
13  txt_again = open(file_again)
14
15  print(txt_again.read())
```

程序中有一些新东西，让我们快速过一遍。

第 1~3 行通过 argv 获取文件名，这部分你应该已经很熟悉了。接下来在第

5 行，我们使用了 open() 这个新函数。现在请在命令行中运行 python -m pydoc open 命令来阅读它的说明。你会发现它与 input() 函数类似，它接收一个参数并返回一个值，你可以将这个值赋给一个变量，从而打开文件。

第 7 行我们打印了一小段文字，而在第 8 行引入了新的内容：我们在 txt 对象上调用了 read() 方法。从 open() 函数返回的对象是一个“文件对象”，它有一些可以调用的方法。调用这些方法的方式是使用点号（.），后面跟方法名，然后再附加类似 open() 和 input() 的参数。但在这种情况下，当你调用 txt.read() 时，实际上是在对 txt 说：“执行你的 read() 方法，不需要任何额外的参数！”

程序的剩余部分与前面基本类似，剩下的分析留给你作为练习。

■ 运行结果

> 警告：注意！之前我们运行程序时只需要提供程序名称，而现在使用了 argv，所以必须添加参数。请看下面示例的第一行，我使用 python ex15.py ex15_sample.txt 命令来运行程序，程序名称后面多了一个 ex15_sample.txt 参数。如果没有这个参数，你将看到错误消息。这里一定要注意！

首先，创建一个名为“ex15_sample.txt”的文件，然后运行程序，你会看到如下输出：

```
1  Here's your file ex15_sample.txt:
2  This is stuff I typed into a file.
3  It is really cool stuff.
4  Lots and lots of fun to have in here.
5
6
7  Type the filename again:
8  >  ex15_sample.txt
9  This is stuff I typed into a file.
10 It is really cool stuff.
11 Lots and lots of fun to have in here
```

■ 温故知新

本节习题跨度较大，所以请尽量做好这些练习，然后继续学习后面的内容。

（1）为每一行代码添加注释，说明该行的作用。

（2）如果不确定答案，可以询问他人或上网搜索。大多数情况下，只需搜索"python3"加上你要查找的内容就能找到答案。例如，搜索"python3 open"。

（3）有时候我可能会使用"命令"一词，但实际上它们也叫"函数"（function）或"方法"（method）。在本书的后面部分，你将会学到更多关于函数和方法的知识。

（4）删掉第 10 行到第 15 行中使用 input() 的部分，然后再运行一遍程序。

（5）尝试只用 input() 重写这个程序，思考哪种方式获取文件名更好，为什么？

（6）再次运行 Python，在提示符下使用 open() 打开一个文件，观察在 Python 中如何通过 read() 方法读取文件。

（7）让你的程序在处理完文件后调用 close() 方法关闭 txt 和 txt_again 文件对象。这一点非常重要。

■ 常见问题

txt = open(filename) 返回的是文件的内容吗？

不是，它返回的是一个叫"文件对象"（file object）的东西。你可以把它想象成 20 世纪 50 年代的大型计算机上的磁带机或现代的 DVD 机。你可以在其中任意移动并读取内容，不过这个文件对象本身并不是文件的实际内容。

我无法像你在"温故知新"第 7 条中提到的那样，在我的"Terminal/PowerShell"命令行下输入 Python 代码。

首先，在命令行输入 python 并按 Enter 键，这样就可以进入 Python 的环境中。然后你可以逐行输入并运行代码。试试看，如果想退出 Python 环境，只需输入 quit() 并按 Enter 键。

为什么打开文件两次不会报错？

Python 不会限制你只能打开文件一次，有时候多次打开同一个文件也是需要的。

from sys import argv 是什么意思？

目前我能告诉你的是，sys 是一个软件包，而这句话的意思是从该软件包中导入 argv 这个功能。后面你会学到更多相关的内容。

我在代码中写了 script, ex15_sample.txt = argv，为什么不起作用？

这样写是错误的。请将代码写得和书中的一模一样，然后按照正确的方式从命令行运行它。你不需要在代码中写入文件名，而是让 Python 将文件名作为参数传递给程序。

习题 16 读写文件

如果你完成了上一节习题的“温故知新”部分，应该已经了解了各种与文件相关的命令（方法 / 函数）。

下面是一些需要记住的命令：

- close()：关闭文件。类似于在编辑器中单击“文件”→“保存”。
- read()：读取文件的内容。你可以将返回的结果赋给一个变量。
- readline()：只读取文本文件中的一行数据。
- truncate()：清空文件。请务必小心使用该命令。
- write('stuff')：将字符串 'stuff' 写入到文件中。
- seek(0)：将读写位置移动到文件开头。

要记住这些函数，一种方法是将读取文件操作类比为读取黑胶唱片、磁带、CD 或 DVD 的操作。在早些年，数据存储在这些介质上，它们需要线性读写，因此许多文件操作也沿用了这种方式。磁带和 DVD 驱动器需要先定位（seek）到特定位置，然后才能从该位置开始读写数据。尽管如今的操作系统和文件系统已经模糊了随机访问存储与磁盘之间的界限，但我们仍然使用这种传统的方式来操作文件。

这些命令是你现在需要掌握的。它们有些需要接收参数，但你并不需要深入理解每个参数的细节。现在只需记住 write() 的用法即可——write() 需要一个字符串作为参数，然后将该字符串写入文件。

现在，让我们用这些命令来创建一个简单的文本编辑器吧。

代码 16.1: ex16.py

```
1  from sys import argv
2
3  script, filename = argv
4
5  print(f"We're going to erase {filename}.")
6  print("If you don't want that, hit CTRL-C (^C).")
7  print("If you do want that, hit RETURN.")
8
9  input("?")
10
11 print("Opening the file...")
```

```
12 target = open(filename, 'w')
13
14 print("Truncating the file. Goodbye!")
15
16 target.truncate()
17
18 print("Now I'm going to ask you for three lines.")
19
20 line1 = input("line 1: ")
21 line2 = input("line 2: ")
22 line3 = input("line 3: ")
23
24 print("I'm going to write these to the file.")
25
26 target.write(line1)
27 target.write('\n')
28 target.write(line2)
29 target.write('\n')
30 target.write(line3)
31 target.write('\n')
32
33 print("And finally, we close it.")
34 target.close()
```

这次的代码量较大，可能是你输入过最多的一次。所以慢慢来，仔细检查，确保它能成功运行。这里有一个小技巧：你可以先让程序的一小部分运行起来，比如先运行第 1 行到第 2 行，然后逐步增加代码，直到整个程序成功运行为止。

■ 运行结果

你将看到两种输出，第一种是新程序的输出，具体如下：

```
1  We're going to erase test.txt.
2  If you don't want that, hit CTRL-C (^C).
3  If you do want that, hit RETURN.
4  ?
5  Opening the file...
6  Truncating the file.  Goodbye!
7  Now I'm going to ask you for three lines.
8  line 1: Mary had a little lamb
9  line 2: It's fleece was white as snow
10 line 3: It was also tasty
```

```
11  I'm going to write these to the file.
12  And finally, we close it.
```

现在，打开新创建的文件“test.txt”，检查一下里面的内容，还不错吧？

■ 温故知新

（1）如果觉得自己还没有完全理解，老办法，在每一行代码前加上注释，帮助自己厘清思路。简短的注释将帮助你理解代码，或者至少让你知道自己不明白的地方在哪里。

（2）写一段与上一个习题类似的程序，使用 read() 和 argv 读取你刚刚创建的文件。

（3）这个文件中有太多重复的地方，试着用 target.write() 将 line1、line2 和 line3 一次性写入文件，替换原来的 6 行代码。你可以使用字符串、格式化字符和转义字符。

（4）找出为什么需要给 open() 多传入一个 'w' 参数。提示：open() 对文件的写操作非常谨慎，只有在特别指定的情况下，它才会进行写入操作。

（5）如果使用 'w' 模式打开文件，是否还需要 target.truncate() 呢？试着在 Python 的 open() 函数文档中寻找答案。

■ 常见问题

如果用了 'w' 参数，truncate() 还是必需的吗？

参考“温故知新”第 5 条。

'w' 是什么意思？

它是一个特殊的单字符字符串，表示文件的访问模式。如果使用 'w'，那么表示以“写入”（write）模式打开文件。除了 'w' 以外，我们还有 'r' 表示“读取”（read），'a' 表示“追加”（append）。

在文件模式中可以使用哪些修饰符？

当前最重要的一个是 '+' 修饰符。你可以用它来组合 'w+'、'r+' 和 'a+'。这样可以同时以读写方式打开文件，并根据使用的模式，以不同的方式定位文件指针。

如果只写 open(filename)，那么会以 'r'（只读）模式打开吗？

是的，这是 open() 函数的默认行为。

习题 17 更多文件操作

在本节习题中，我们将深入学习更多的文件操作。你将编写一个 Python 程序，将一个文件的内容复制到另一个文件中。虽然这个程序很简短，但它将帮助你更好地理解文件操作的基本原理。

代码 17.1: ex17.py

```
13  from sys import argv
14  from os.path import exists
15
16  from_file = "test.txt"
17  to_file = "new_test.txt"
18
19  print(f"Coping from {from_file} to {to_file}")
20
21  # 我们可以将这两行代码合并为一行，应该怎么做呢？
22  in_file = open(from_file)
23  indata = in_file.read()
24
25  print(f"The input file is {len(indata)} bytes long")
26
27  print(f"Does the output file exist? {exists(to_file)}")
28  print("Ready, hit RETURN to continue, CTRL-C to abort")
29  input()
30
31  out_file = open(to_file, 'w')
32  out_file.write(indata)
33
34  print("Alright, all done.")
35
36  out_file.close()
37  in_file.close()
```

你可能已经注意到，我们引入了一个非常实用的函数 exists()，该函数接收一个文件名字符串作为参数，如果文件存在，它会返回 True；否则返回 False。在本书的后续内容中，我们将频繁使用这个函数，但现在你需要学会如何通过 import 将它导入你的代码中。

通过使用 import，你可以在自己的代码中轻松调用其他开发者编写的大量现成代码，这样你就不必从头开始编写这些功能了。

■ 运行结果

与之前的程序类似，运行此程序需要两个参数：一个是待复制的文件；另一个是目标文件。我们将其简单命名为“test.txt”和“new_test.txt”。

```
1  Copying from test.txt to new_test.txt
2  The input file is 70 bytes long
3  Does the output file exist? True
4  Ready, hit RETURN to continue, CTRL-C to abort.
5
6  Alright, all done.
```

这个程序应该可以处理任何文件。你可以尝试使用其他文件来测试它的效果，不过请务必小心操作，以免意外损坏重要文件。

■ 温故知新

（1）这个程序显得有些冗长，其实在复制之前不必询问用户，也没必要在屏幕上输出那么多信息。试着删减一些不必要的部分，让程序更加简洁和用户友好。

（2）挑战一下，看看你能把这个程序简化到什么程度。我可以将它缩短到仅一行代码。

（3）弄清楚为什么需要在代码中写 out_file.close()。

（4）阅读一些关于 import 语句的资料，并在 Python 环境中进行测试。试着导入一些模块，看看你是否理解正确。如果出现错误也没关系，继续尝试。

（5）在终端“PowerShell”中再次运行 ex17.py。如果你对 Jupyter 的文本编辑器感到厌烦，可以尝试习题 0 中推荐的其他编辑器，或者在 https://learncodethehardway.com/setup/python/ 上寻找合适的编辑器。

■ 常见问题

为什么 'w' 要放在引号中？

因为它是一个字符串。你已经学习过字符串的相关内容，请确保自己真正理解什么是字符串。

不可能把这么多代码写在一行里面！

这取决于你如何定义“一行”。提示：That; depends; on; how; you; define; one; line; of; code。

我觉得习题很难，这是正常的吗？

是的，这非常正常。直到你完成习题 36，甚至读完整本书，编程对你来说可能依然是一件难事。每个人的学习进度不同，坚持学习并完成练习，对于不理解的地方多加思考研究，你最终会弄明白的。一定要有耐心！

len() 函数的功能是什么？

它返回传入字符串的长度，结果是一个数值。自己试试看吧。

当我尝试缩短程序时，关闭文件时出现了错误。

很可能是因为你写了 indata = open(from_file).read()。在这种情况下，程序结束时不需要再调用 in_file.close()，因为此时 in_file 变量并未创建，也就无法再被引用。

我遇到了 Syntax: EOL while scanning string literal 错误。

这通常是因为你忘了在字符串末尾加上引号，请检查一下那行代码。

习题 18 命名、变量、代码、函数

标题看起来够长吧？接下来我们将介绍函数（function）！提到函数，不同的程序员可能有各自的理解和使用方式，不过在本节习题中，我们将专注于最基本的用法。

函数可以实现以下三件事情：

1. 为一段代码命名，类似于为字符串或数值命名变量。
2. 接收参数，就跟程序接收 argv 一样。
3. 结合以上两点，创建“迷你程序”或“小命令”。

在 Python 中，你可以使用 def 关键字创建一个空函数，示例如下：

代码 18.1: ex18_demo.py

```
1  def do_nothing():
2      pass
```

你可以像上面那样创建函数，pass 关键字告诉 Python 这个函数是空的。要让函数执行一些操作，你需要在 def 行下方添加代码，并缩进四个空格。

代码 18.2: ex18_demo.py

```
1  def do_something():
2      print("I did something!")
```

这实际上是将 print("I did something!") 这行代码封装在名为 "do_something" 的函数中。这样，你可以像使用变量一样，在代码的其他地方再次调用它。调用你定义的函数就像“运行”或“执行”它一样。

代码 18.3: ex18_demo.py

```
1  def do_something():
2      print("I did something!")
3
4  # 现在就可以通过名字调用函数
5  do_something()
```

当底部的 do_something() 运行时，Python 会执行以下操作：

（1）在内存中找到 do_something() 函数的定义。

（2）通过 () 来调用它。

（3）跳转到 def do_something() 所在的行。

（4）执行 def 语句块中的代码，在本例中是 print("I did something!")。

（5）当 def 语句块中的代码执行完毕后，Python 退出函数并返回到调用该函数的地方。

（6）然后继续执行后续代码，在这个例子中是代码的结尾。

对于本节习题，你还需要了解另一个关键概念，即函数的“参数”。

代码 18.4: ex18_demo.py

```
1  def do_more_things(a, b):
2      print("A IS", a,"B IS", b)
3
4  do_more_things("hello", 1)
```

在这个例子中，我为 do_more_things() 函数定义了两个参数（也称为“形参”）：a 和 b。当你使用 do_more_things("hello", 1) 调用该函数时，Python 会暂时将 a 赋值为 "hello"，将 b 赋值为 1，然后执行函数。这意味着，在函数内部，a 和 b 将分别持有这些值，并在函数执行完毕后消失。这过程可以理解为如下操作：

代码 18.5: ex18_demo.py

```
1  def do_more_things(a, b):
2      a = "hello"
3      b = 1
4      print("A IS", a,"B IS", b)
```

需要注意的是，如果你使用不同的参数来调用 do_more_things()，a 和 b 的值也会随之改变。

■ 练习代码

现在花一些时间在 Jupyter 中进行操作，尝试自己创建函数并调用它们。确保你理解代码是如何跳转到函数中，然后再跳回来的。接下来，本书将指导你创建四种不同的函数，并向你展示它们之间的关系。

代码 18.6: ex18.py

```
1  # 类似于使用 argv 的程序
2  def print_two(*args):
3      arg1, arg2 = args
4      print(f"arg1: {arg1}, arg2: {arg2}")
5
6  # 还可以这样写
7  def print_two_again(arg1, arg2):
```

```
8       print(f"arg1: {arg1}, arg2: {arg2}")
9
10  # 只接收一个参数
11  def print_one(arg1):
12      print(f"arg1: {arg1}")
13
14  # 不接收任何参数
15  def print_none():
16      print("I got nohthin'.")
17
18
19  print_two("Zed","Shaw")
20  print_two_again("Zed","Shaw")
21  print_one("First!")
22  print_none()
```

让我们仔细分析第一个函数 print_two()，它的用法与你写程序的方式类似，因此看起来不会太陌生：

（1）首先，我们使用 def 关键字告诉 Python 创建一个函数，def 代表“定义”（define）。

（2）紧接着是函数的名称，在这个例子中它被命名为“print_two”。虽然函数名可以随意起，比如叫“peanuts”也没问题，但最好让函数名能够反映其功能。

（3）接下来，我们指定函数需要“*args”作为参数，这与前面的程序中使用 argv 的方式非常相似。参数必须放在圆括号 () 中才能正常工作。

（4）然后用冒号（:）结束这一行，并开始下一行的缩进。

（5）在冒号以下，所有使用四个空格缩进的行都属于 print_two() 函数的内容。第一行的作用是将参数解包，这与程序中的参数解包原理类似。

（6）为了演示其工作原理，我们打印了解包后的每个参数，这与之前习题中所做的类似。

在 Python 中，你可以跳过整个参数解包的过程，直接在圆括号内使用参数名作为变量名，这就是 print_two_again() 函数的实现方式。

接下来的例子 print_one() 演示了函数如何接收一个参数。

最后一个例子 print_none() 则展示了函数可以不接收任何参数。

提示：这一点非常重要！如果你不太理解上面的内容，不要气馁，后面还有更多习题会将函数与程序联系在一起，并展示如何创建和使用函数。现在，你只需将函数理解为“迷你脚本”，并多多尝试即可。

■ 运行结果

运行 ex18.py 程序，你将看到如下输出：

```
1 arg1: Zed, arg2: Shaw
2 arg1: Zed, arg2: Shaw
3 arg1: First!
4 I got nothin'.
```

你现在应该已经理解了函数是如何工作的。这些函数的用法与之前见过的 exists()、open() 以及其他“命令”有些类似吧？其实，我只是为了让你更容易理解才称它们为“命令”，在 Python 中，这些命令实际上就是函数。换句话说，你也可以在自己的程序中创建和使用自己的“命令”。

■ 温故知新

为自己写一个函数使用的注意事项，以便日后参考。你可以将这些注意事项写在一张索引卡片上，随时查看，直到你完成剩余的习题或觉得不再需要这些卡片为止。

注意事项如下。

（1）函数定义是否以 def 开始？

（2）函数名是否只由字母和下画线组成？

（3）函数名后是否紧跟着圆括号？

（4）圆括号内是否包含参数，且多个参数是否以逗号隔开？

（5）参数名称是否唯一？

（6）函数定义是否以圆括号和冒号结尾？

（7）函数定义后的代码是否使用了四个空格缩进？不能多，也不能少。

（8）缩进结束是否意味着函数的结束？

在运行（使用或调用）一个函数时，记住检查以下几点。

（1）调用函数时是否使用了函数名？

（2）函数名后是否紧跟着圆括号？

（3）圆括号内是否传递了你想要传递的值，并以逗号隔开？

（4）函数调用是否以圆括号结尾？

按照上述两份检查表的内容检查代码，直到你不再需要这些检查表为止。

最后，将下面这句话读几遍：

“运行函数、调用函数和使用函数都是同一个意思。”

■ 常见问题

函数命名有什么规则？

和变量名一样，以字母、数字以及下画线组成，但第一个字符不能是数字。

“*args”里的 * 是什么意思？

它告诉 Python 接收函数的所有参数，并将它们放入名为“args”的列表中。这与我们一直使用的 argv 类似，只不过 *args 是用在函数中的。如果没有特殊需求，通常我们不会频繁使用这个功能。

这些任务好枯燥、好无聊。

这种感觉很正常，这意味着你在进步，并且开始理解代码的作用。为了让学习过程不那么无聊，试着按照书里的指示输入代码，然后故意破坏并修复它。

习题 19 函数和变量

现在，让我们把前面习题中学到的变量和函数知识结合起来。正如你所知，变量给数据赋予一个名称，使你可以在程序中引用它，比如：

```
1 x = 10
```

这里创建了一个名为 x 的变量，它的值为数字 10。

```
1 def print_one(arg1):
2     print(arg1)
```

参数 arg1 类似于之前的变量 x，不同之处在于函数是通过以下方式调用的：

```
1 print_one("Hello!")
```

在习题 18 中，我们已经学习了如何在 Python 中调用函数。那么，如果你这样做，会发生什么呢：

```
1 y = "First!"
2 print_one(y)
```

上面的代码没有直接使用 "First!"，而是通过 print_one() 函数来调用。首先将 "First!" 赋值给变量 y，然后再将 y 传递给 print_one()。这种方法是否有效呢？以下是一段简单的示例代码，你可以在 Jupyter 中进行测试：

```
1 def print_one(arg1):
2     print(arg1)
3
4 y = "First!"
5 print_one(y)
```

这段代码展示了如何将变量 y ="First!" 与调用使用这些变量的函数结合起来。在进行下面这个更长的练习之前，请先尝试研究一下自己的变量。以下是一些建议：

（1）由于练习比较长，如果你觉得在 Jupyter 中管理起来有困难，可以尝试将代码输入到一个名为“ex19.py”的文件中，并在终端中运行。

（2）像往常一样，你应该一次只输入几行代码。但如果你只输入了函数的第一行，可能会遇到问题。这时可以使用 pass 关键字来解决，如下所示：

```
1 def some_func(some_arg): pass
```

pass 关键字可以创建一个空函数而不会引发错误。

（3）如果你想查看每个函数在做什么，可以使用“调试打印”，如下：

```
1 print(">>>> I'm here", something)
```

这将打印出一条消息，帮助你“追踪”代码的执行过程，并查看每个函数中你指定的 something 是什么。

代码 19.1: ex19.py

```
1  def cheese_and_crackers(cheese_count, boxes_of_crackers):
2      print(f"You have {cheese_count} cheeses!")
3      print(f"You have {boxes_of_crackers} boxes of crackers!")
4      print("Man that's enough for a party!")
5      print("Get a blanket.\n")
6
7
8  print("We can just give the function numbers directly:")
9  cheese_and_crackers(20, 30)
10
11
12 print("OR, we can use variable from our script:")
13 amount_of_cheese = 10
14 amount_of_crackers = 50
15
16 cheese_and_crackers(amount_of_cheese, amount_of_crackers)
17
18
19 print("We can even do math inside too:")
20 cheese_and_crackers(10 + 20, 5 + 6)
21
22
23 print("And we can combine the two, variable and math:")
24 cheese_and_crackers(amount_of_cheese + 100, amount_of_crackers +
   1000)
```

■运行结果

```
1 We can just give the function numbers directly:
2 You have 20 cheeses!
3 You have 30 boxes of crackers!
4 Man that's enough for a party!
5 Get a blanket.
6
7 OR, we can use variables from our script:
8 You have 10 cheeses!
9 You have 50 boxes of crackers!
```

```
10  Man thats enough for a party!
11  Get a blanket.
12
13  We can even do math inside too:
14  You have 30 cheeses!
15  You have 11 boxes of crackers!
16  Man that's enough for a party!
17  Get a blanket.
18
19  And we can combine the two, variables and math:
20  You have 110 cheeses!
21  You have 1050 boxes of crackers!
22  Man that's enough for a party!
23  Get a blanket.
```

■温故知新

（1）还记得一次只输入几行代码的建议吗？在填写函数之前，是否使用 pass 来创建一个空函数？如果没有，请删除你的代码并重新做一遍。

（2）将 cheese_and_crackers() 函数的名称故意写错，查看错误信息，并修正它。

（3）删除数学运算中的一个 + 符号，看看会出现什么错误。

（4）更改数学运算，尝试预测你将得到的输出结果。

（5）更改变量，尝试猜测更改后的输出结果。

■常见问题

截至目前，本节习题没有常见问题，但你可以在鱼 C 论坛（https://fishc.com.cn）发帖提问，也许在这里有其他小伙伴遇到过与你类似的问题并已解决。

习题 20 函数和文件

拿出我们之前的函数检查清单，在做本节习题时，仔细观察函数和文件是如何协同工作的，以创建有用的内容。我们仍然应该坚持一次只输入几行代码，然后运行程序。如果发现自己输入了太多代码，最好删除它们并重新开始。

以下是本节习题的代码。再次提醒，代码较长，如果你发现使用 Jupyter 有困难，可以将代码编写到 ex20.py 文件中并运行它。

代码 20.1: ex20.py

```
1  from sys import argv
2
3  input_file = "ex20_test.txt"
4
5  def print_all(f):
6      print(f.read())
7
8  def rewind(f):
9      f.seek(0)
10
11 def print_a_line(line_count, f):
12     print(line_count, f.readline())
13
14 current_file = open(input_file)
15
16 print("First let's print the whole file:\n")
17
18 print_all(current_file)
19
20 print("Now let's rewind, kind of like a tape.")
21
22 rewind(current_file)
23
24 print("Let's print three lines:")
25
26 current_line = 1
27 print_a_line(current_line, current_file)
28
```

```
29 current_line = current_line + 1
30 print_a_line(current_line, current_file)
31
32 current_line = current_line + 1
33 print_a_line(current_line, current_file)
```

请特别注意代码中是如何在每次调用 print_a_line() 函数时传入当前行号的。

本节习题中没有新的知识点。对于函数，我们已经足够了解；对于文件操作，我们也已经非常熟悉了。

接下来，你还需要名为“ex20_test.txt”的文件，其内容如下：

```
1 This is line 1
2 This is line 2
3 This is line 3
```

你可以使用 Jupyter 创建这个文件，确保它位于当前的工作目录中，这样你的 Python 代码才能正确加载它。

■ 运行结果

```
1 First let's print the whole file:
2
3 This is line 1
4 This is line 2
5 This is line 3
6
7 Now let's rewind, kind of like a tape.
8 Let's print three lines:
9 1 This is line 1
10
11 2 This is line 2
12
13 3 This is line 3
```

■ 温故知新

（1）为每一行代码添加注释，以便理解这一行的作用。

（2）每次 print_a_line() 函数运行时，我们都传递了一个名为“current_line”的变量给它。尝试在每次调用函数时打印出 current_line 的值，并跟踪它在 print_a_line() 中是如何变成 line_count 的。

（3）找出程序中每一个使用函数的地方，检查 def 行，确认参数没有出错。

（4）上网研究一下文件对象中的 seek() 函数的作用。

（5）研究一下 += 这个简写操作符的作用，使用它重写这个程序。

（6）能将代码转换成一个终端（命令行）程序吗？尝试像习题 14 中那样使用 argv 实现。

■ 常见问题

print_all(f) 中的 f 是什么？

和习题 18 里的一样，f 只是一个变量，不过在这里它指的是一个文件对象。Python 里的文件就像老式磁带机或 DVD 播放机一样，它有一个用于读取数据的“磁头”。你可以通过这个“磁头”来操作文件。每次运行 f.seek(0)，磁头就回到了文件的开头位置，而运行 f.readline() 则会读取文件中的一行内容，并将磁头移动到换行符之后。

为什么 seek(0) 没有将 current_line 设为 0 ？

首先，seek() 函数的处理对象是字节而不是行，所以 seek(0) 只是将磁头移动到文件的第 0 个字节（即第一个字节）的位置。其次，current_line 只是一个独立的变量，和文件本身没有任何关系，我们只能手动修改它的值。

+= 是什么？

就像英语中的“it is”可以写成“it's”，“you are”可以写成“you're”，这叫简写。+= 操作符是将 + 和 = 简写在一起。x += y 的意思与 x = x + y 是一样的。

readline() 是怎么知道每一行在哪里的？

readline() 会扫描文件的每一个字节，直到找到一个换行符（\n），然后它会停止读取，并返回整行内容。文件对象 f 会记录每次调用 readline() 后的读取位置，因此它可以在下次被调用时从下一行继续读取。

为什么文件里会有间隔的空行？

readline() 函数返回的内容中包含了文件本身的换行符（\n），而 print() 在打印时又会添加一个换行符（\n），这样就会导致多出一个空行。解决方法是在 print() 函数中添加一个参数 end=""，这样 print() 就不会为每一行额外打印一个换行符。

习题 21 函数可以返回某些内容

我们已经学过如何使用 = 给变量赋值，以及将变量定义为某个数值或字符串。接下来，我们将探索更高级的用法，看看如何通过 = 和 return 将一个函数的返回值赋给变量。在这里有一个关键点需要特别留意，不过我们暂时不深入讨论，先来输入下面的代码吧。

代码 21.1: ex21.py

```
1  def add(a, b):
2      print(f"ADDING {a} + {b}")
3      return a + b
4
5  def substract(a, b):
6      print(f"SUBSTRACTING {a} - {b}")
7      return a - b
8
9  def multiply(a, b):
10     print(f"MULTIPLYING {a} * {b}")
11     return a * b
12
13 def divide(a, b):
14     print(f"DIVIDING {a} / {b}")
15     return a / b
16
17
18 print("Let's do some math with just functions!")
19
20 age = add(30, 5)
21 height = substract(78, 4)
22 weight = multiply(90, 2)
23 iq = divide(100, 2)
24
25 print(f"Age: {age}, Height: {height}, Weight: {weight}, IQ: {iq}")
26
27
28 # 这是一个额外的加分题，不管怎样，先将它输入吧。
29 print("Here is a puzzle.")
30
```

```
31 what = add(age, substract(height, multiply(weight, divide(iq,
   2))))
32
33 print("That becomes: ", what,"Can you do it by hand?")
```

现在我们创建了自己的加、减、乘、除四个数学函数，即 add()、subtract()、multiply() 和 divide()。这些函数的最后一行非常重要，比如 add() 函数的最后一行是 return a + b，该函数实现了以下几项功能。

（1）调用函数时使用了两个参数，即 a 和 b。

（2）打印出这个函数的操作内容，这里是加法运算（ADDING）。

（3）接下来通过 return 语句，让 Python 返回 a + b 的值。换句话说：“我们先把 a 和 b 两个值相加，然后返回结果。”

（4）Python 将两个数相加，当函数调用结束时，返回的结果可以赋值给一个变量［比如 add() 函数调用结束后，将结果赋值给了变量 age］。

和之前的知识点一样，我们需要慢慢消化这些内容，逐步执行下去，试着追踪一下究竟发生了什么。为了帮助大家理解，本节的“温故知新”将尝试解决一个谜题，让我们学点儿有趣的东西吧！

■ 运行结果

```
1  Let's do some math with just functions!
2  ADDING 30 + 5
3  SUBTRACTING 78 - 4
4  MULTIPLYING 90 * 2
5  DIVIDING 100 / 2
6  Age: 35, Height: 74, Weight: 180, IQ: 50.0
7  Here is a puzzle.
8  DIVIDING 50.0 / 2
9  MULTIPLYING 180 * 25.0
10 SUBTRACTING 74 - 4500.0
11 ADDING 35 + -4426.0
12 That becomes:  -4391.0 Can you do it by hand
```

■ 温故知新

（1）如果你不太确定 return 的功能，试着自己写几个函数，让它们返回一些值。你可以将任何可以放在 = 右边的表达式作为一个函数的返回值。

（2）这个程序的结尾部分是一个彩蛋：代码中将一个函数的返回值作为另一

个函数的参数，然后将它们连接在一起，以便通过函数创建一个公式。这样的代码可能现在看起来有些复杂，不过运行一下你就会明白结果。接下来，你需要试试看能否找出一个常规的公式来重新创建同样的计算。

（3）试着修改函数中的某些部分，然后看一下会发生什么。你可以有目的地进行修改，让程序输出不同的结果。

（4）反过来做一次：写一个简单的公式，并通过函数来计算它。

这个习题可能会让你感到有些吃力，不过慢慢来，把它当作一个小游戏。解决这样的谜题正是编程的乐趣之一，后面你还会遇到更多类似的小谜题。

■ 常见问题

为什么 Python 会把函数或公式“倒着”打印出来？

其实并不是倒着打印，而是从内向外逐层打印。如果你将函数分解为公式和函数调用，会发现它的工作原理。尝试着去理解为什么说它是“由内向外”。

如何使用 input() 输入获取数值？

还记得 int(input()) 吧？不过这有一个问题，那就是无法输入浮点数，你可以使用 float(input()) 试试。

你提到的“写一个公式”是什么意思？

举个简单的例子：24 + 34 / 100 - 1023。你可以将这个表达式转换为使用函数返回值的形式。然后自己再想一些数学公式，模仿上面的代码把它写出来。

习题 22 字符串、字节和字符编码

要完成本节习题，需要先下载一个名为“languages.txt”的文本文件（https://learnpythonthehardway.org/python3/languages.txt）。这个文件包含一系列人类语言的名称，用于演示一些有趣的概念：

- 现代计算机如何存储各种人类语言，以及 Python3 如何处理这些字符串？
- 如何将 Python 字符串“编码”和“解码”成一种称为“字节”的类型？
- 如何正确处理字符串和字节中的错误？
- 如何阅读代码并理解其含义，哪怕是从未见过的内容？

此外，我们还将简要了解 Python3 中的 if 语句和列表。你不必立即掌握这段代码或理解这些概念，因为我们将在随后的习题中进行大量练习。现在的任务是跟着习题敲代码，学习上述列表中的四个主题。

警告：本节习题相对较难！我们需要掌握大量信息，这些信息涉及计算机内部的工作原理。习题之所以显得复杂，主要是因为 Python 的字符串处理本身就非常复杂。建议大家在学习本节习题时放慢速度，遇到不懂的术语要记下来，并进行查阅和研究。如果可以的话，一次只掌握一小段代码，将本节习题分成多次来完成。在学习本节习题的同时，可以继续进行其他练习，不要因为卡在这里而停滞不前。

■ 初始研究

在本节习题中，我们将创建名为“ex22.py”的文件，并在 Shell 中运行它。确保你知道如何操作，如果不清楚，请回顾习题 0，那里面介绍了如何从终端运行 Python 代码。

本节习题将教你如何深入研究代码，挖掘其中的奥秘。这里的代码需要用到 languages.txt 文件，所以请先下载它。languages.txt 文件中包含了一系列人类语言的名称，编码格式是 UTF-8。

代码 22.1: ex22.py

```
1  import sys
2  script, input_encoding, error = sys.argv
```

```
3
4
5 def main(language_file, encoding, errors):
6     line = language_file.readline()
7
8     if line:
9         print_line(line, encoding, errors)
10        return main(language_file, encoding, errors)
11
12
13 def print_line(line, encoding, errors):
14     next_lang = line.strip()
15     raw_bytes = next_lang.encode(encoding, errors = errors)
16     cooked_string = raw_bytes.decode(encoding, errors = errors)
17
18     print(raw_bytes, '<===>', cooked_string)
19
20
21 languages = open('languages.txt', encoding ='utf-8')
22
23 main(languages, input_encoding, error)
```

尝试记录下你不熟悉的代码，并研究它们的功能。可以使用“python [你不认识的内容] site:python.org”的格式进行搜索。例如，如果你不知道 encode() 函数的作用，可以搜索“python encode site:python.org”。阅读找到的文档，然后继续完成练习。

接着运行这个 Python 程序，以下为用于测试该程序的命令：

```
1 python ex22.py "utf-8" "strict"
2 python ex22.py "utf-8" "ignore"
3 python ex22.py "utf-8" "replace"
```

查看 str.encode() 函数的文档，可以获取更多选项的解释。

示例使用了 UTF-8、UTF-16 和 BIG5 编码来演示这种转换以及可能遇到的错误类型。在 Python 中，这些名称被称为“codec”，但作为函数参数时，它们被称为“encoding”（编码）。本节习题的最后还列举了一些你可以尝试的其他编码类型。后面我们会详细讲解这些输出的含义，目前我们只需要理解一下大致的概念即可。

■ 开关、约定和编码

在解释代码之前，我们需要先了解一些计算机存储数据的基本知识。现代计算机极其复杂，但简单来说，它们本质上就是一个巨大的开关阵列。计算机通过电流来控制这些开关的开启或关闭状态。开关使用 1 表示开启，用 0 表示关闭。过去还有一些奇特的计算机使用了不止 1 和 0 两种状态，但当今的计算机通常只使用 1 和 0。1 表示有电、开启、接通，0 表示没电、关闭、切断。我们将这些 1 和 0 称为“位”（bit）。

如果让你直接用 1 和 0 与计算机交互，那将非常低效且令人厌烦。计算机使用这些 1 和 0 来编码更大的数字。在较小的范围内，计算机会使用 8 位来编码 256 个数字（0~255）。那么，编码意味着什么呢？我们需要一个标准来表示这些数字，编码就是一种大家都认可的转换规范。比如，二进制的 00000000 表示十进制的 0，二进制 11111111 表示十进制的 255，二进制 00001111 表示十进制的 15。早期有各种不同的标准，为了统一这些标准，还曾引发过一些争议。

今天，我们用“字节”（byte）表示一个 8 位（由 0 和 1 组成）的序列。过去人们对字节的定义各不相同，所以至今你可能还会遇到有人认为字节可以表示 9 位、7 位、6 位等不同的长度，但我们只考虑它表示 8 位序列，这是我们如今的约定！这一约定定义了我们的字节编码，还有一些约定用于表示更大的数字，会用到 16 位、32 位、64 位，甚至更长的序列。还有一些标准组织，他们专门讨论这些约定，并将其实施为编码，最终用于控制开关的开启或关闭。

有了字节，并确定了数字和字母之间的对应关系后，就可以存储和显示文本了。早期有许多方法可以将 7 位、8 位等位数的数字转换为文本，其中最常见的标准是美国信息交换标准代码（ASCII）。这个标准将数字和字母互相映射，比如使用数字 90 表示字母 Z。如果用二进制表示，这个数字就是 1011010。计算机中的 ASCII 表会根据这个标准进行相应的转换。

现在可以在 Python 中尝试下面这些操作：

```
1  >>> 0b1011010
2  90
3  >>> ord('Z')
4  90
5  >>> chr(90)
6  'Z'
7  >>>
```

首先，我们用二进制表示十进制的 90，然后获取了字母 Z 对应的 ASCII 编码值，最后将这个 ASCII 编码值转换为字母 Z。如果记不住这些也不用担心，作者学习 Python 多年，这类转换也就用过两三次而已。

有了 ASCII 编码的约定，就能使用 8 位（1 字节）来编码一个字符，然后将这些字符串联起来，组成一个单词。比如，要写出作者的名字“Zed A. Shaw”，可以用一组数字序列来表示：[90, 101, 100, 32, 65, 46, 32, 83, 104, 97, 119]。早期计算机中的文本就是这样存储的，接着计算机会将其显示给用户。再强调一次，这个约定的序列最终会转换为开关的通断操作。

然而，ASCII 编码存在一个问题，即它只能对英语和少数几种语言进行编码。还记得吧，1 字节可以存储 256 个数字（十进制 0~255 或二进制 00000000~11111111）。世界上的语言丰富多样，大多数语言所需的字符数量远远超过 256 个。因此，不同的国家为各自的语言创造了不同的编码方式。虽然这种方式能工作，但许多编码只能处理单一语言。如果需要在一句泰语中插入一个英文书名，可能会遇到问题：你需要一个泰语的编码，还需要一个英语的编码。

为了解决此类问题，一群聪明人发明了 Unicode 编码。这个词听起来和 encode（编码）很像，但它的意思是一种“通用编码”（Universal Encoding）方案。Unicode 的编码方式与 ASCII 类似，但要复杂得多。我们可以用 32 位来编码一个 Unicode 字符，这对于世界上任何语言来说都是足够的。32 位意味着可以存储 4 294 967 295（232）个字符，不仅能容纳所有人类语言，甚至可以扩展到一些未来可能出现的外星语言。因此，剩余的空间现在被用来存储诸如“粑粑”“微笑”等 emoji 表情符号。

虽然我们现在有了可以存储任意字符的编码方案，但 32 位也就是 4 个字节（32/8 = 4），对于大多数文本来说，这种编码方式显得过于浪费。我们也可以使用 16 位（2 字节），但仍然存在浪费。最终的解决方案是采用一种更巧妙的编码方式：对于常用字符使用 8 位编码，如果需要编码更多字符，则“逃逸”到更大位数的编码。于是，我们就得到了一个新的编码方案，这是一种压缩编码的方式：对常见字符使用 8 位编码，当需要时再使用 16 位或 32 位编码。

这种编码方案被称为 UTF-8（Unicode Transformation Format 8 Bits）。从编码 Unicode 字符到字节序列，再到位序列，最终成为一系列开关的通断操作，这一切都遵循这一编码方案。你还可以选择其他编码方式，但 UTF-8 是当前的标准。

■ 解析输出

现在让我们来分析一下前面展示的命令输出，先看第一条命令以及前几行输出，如图 22-1 所示。

```
$ python ex22.py "utf-8" "strict"
b'Afrikaans' <===> Afrikaans
b'\xe1\x8a\xa0\xe1\x88\x9b\xe1\x88\xad\xe1\x8a\x9b' <===> አማርኛ
b'\xd0\x90\xd2\xa7\xd1\x81\xd1\x88\xd3\x99\xd0\xb0' <===> Аҧсшәа
b'\xd8\xa7\xd9\x84\xd8\xb9\xd8\xb1\xd8\xa8\xd9\x8a\xd8\xa9' <===> العربية
b'Aragon\xc3\xa9s' <===> Aragonés
b'Arpetan' <===> Arpetan
b'Az\xc9\x99rbaycanca' <===> Azərbaycanca
b'Bamanankan' <===> Bamanankan
b'\xe0\xa6\xac\xe0\xa6\xbe\xe0\xa6\x82\xe0\xa6\xb2\xe0\xa6\xbe' <===> বাংলা
b'B\xc3\xa2n-l\xc3\xa2m-g\xc3\xba' <===> Bân-lâm-gú
b'\xd0\x91\xd0\xb5\xd0\xbb\xd0\xb0\xd1\x80\xd1\x83\xd1\x81\xd0\xba\xd0\xb0\xd1\x8f' <===> Беларуская
b'\xd0\x91\xd1\x8a\xd0\xbb\xd0\xb3\xd0\xb0\xd1\x80\xd1\x81\xd0\xba\xd0\xb8' <===> Български
b'Boarisch' <===> Boarisch
b'Bosanski' <===> Bosanski
b'\xd0\x91\xd1\x83\xd1\x80\xd1\x8f\xd0\xb0\xd0\xb4' <===> Буряад
```

图 22-1　终端运行结果

提示：你可能已经注意到，这里我们使用图片展示代码执行结果。因为某些计算机可能无法正确显示 UTF-8，我们使用图片是为了让大家看到预期的正确结果。本书写作使用的 LaTeX 系统也无法处理这些编码，所以只能采用截图的方法。如果你在终端中看不到与截图一致的输出，说明你的终端无法正确显示 UTF-8。

---

ex22.py 将“b''”（字节序列）中的字节转换为 UTF-8 编码。左边显示的是 UTF-8 的每个字节（以十六进制表示），右边是对应的 UTF-8 字符。你可以这样理解：“<===>”左边是 Python 用数值表示的字节，也就是 Python 用于存储字符串的原始字节。我们用“b''”告诉 Python 这是一个字节序列。这些原始字节经过“解码”后，在右边显示为实际的字符，这样我们就能够在终端中看到实际的字符。

■ 解析代码

我们已经初步了解了字符串和字节序列。在 Python 中，string 是 UTF-8 编码的字符串，是显示和处理文本的基础；而 bytes 是 Python 用来存储 UTF-8 字符串的原始字节序列，使用“b''”表示这是一个字节序列。这些都是 Python 处理文本的约定方式。如图 22-2 所示的会话展示了字符串编码和字节序列解码的操作。

```
raw_bytes = b'\xe6\x96\x87\xe8\xa8\x80'
raw_bytes.decode()
[4]  ✓ 0.0s
...  '文言'
```

```
utf_string = '文言'
utf_string.encode()
```
[5] ✓ 0.0s

```
b'\xe6\x96\x87\xe8\xa8\x80'
```

```
raw_bytes == utf_string.encode()
```
[7] ✓ 0.0s

```
True
```

```
utf_string == raw_bytes.decode()
```
[8] ✓ 0.0s

```
True
```

图 22-2 运行结果

你只需记住，如果要处理原始字节序列（bytes），只需要通过 .decode() 将其转换为字符串（string）。原始字节序列不包含编码信息，它们只是一些字节序列，一堆数字而已，所以我们必须告诉 Python“将它解码成 UTF 字符串”。如果你想保存、分享一个字符串或进行其他字符串操作，通常这样做不会有问题，但有时 Python 可能会抛出错误，表示它不知道如何“编码”。再强调一次，Python 有自己的内部默认设置，但它不清楚你具体需要的是什么编码方式。因此，在出错时，可以使用 .encode() 将其还原为字节序列。

你可以这样记忆：DBES 是“Decode Bytes, Encode Strings”的缩写，即“解码字节序列，编码字符串”。我把它读作“deebess”，每次需要转换字符串时，我都会默念一遍。如果要将字节序列转换为字符串，就是“解码字节序列”；相反，要将字符串转换为字节序列，就是“编码字符串”。

记住这个之后，让我们逐行分解一下 ex22.py 中的代码。

- 第 1~2 行：首先处理的是常见的命令行参数，这部分应该没有问题。
- 第 4 行：关键代码从 main() 主函数开始，通常在程序末尾调用这个函数。
- 第 5 行：main() 函数做的第一件事，是从传入的语言文件中读取一行内容。这个操作我们之前已经做过，就是通过 readline() 处理文本文件。
- 第 7 行：这里出现了新内容。在本书的后半部分我会详细讲解，现在先给大家简单介绍一下。这里是 if 语句，我们可以通过它在 Python 代码中做出决策。例如，检查一个变量的值是否为真，并基于此决定是否执行某段代码。这里我们检查的是读取到的这一行内容是否为空。当读取到文件末尾时，readline() 会返回一个空字符串，这行 if 语句就是用来检查这个空字符串的。只要 readline() 返回内容，这里的结果就为真，第 8、9 行缩进的代码就会被执行；否则，第 8、9 行代码会被跳过。

- 第 8 行：我们在这里调用另一个函数来打印这一行内容，这样代码会变得更加清晰。如果你想了解函数的具体操作，可以跳到这个函数内部进行研究。理解了 print_line() 的功能后，我们只需记住函数名，而不必关注函数的具体实现细节。

- 第 9 行：这里有一个小而强大的技巧。我们在 main() 函数内部再次调用 main()。其实这并不是什么魔法，因为编程中没有所谓的魔法！所有的逻辑都在这里，就像在函数内部调用另一个函数。虽然看起来有些绕，但仔细想想，为什么不可以呢？从技术角度讲，既然可以调用函数，那么无论它在哪里定义，都应该可以调用它，包括在函数内部调用自己。调用函数本质上只是跳转到函数的定义位置，所以调用自己也不过是……跳回函数的开头再运行一次而已。当然，这实际上会导致一个死循环！不过，回到第 8 行，可以看到 if 语句在这里的作用是防止函数无限循环。这个概念非常重要，慢慢理解它，不必着急。

- 第 11 行：开始定义 print_line() 函数，它实际上是对 languages.txt 中每一行内容进行编码。

- 第 12 行：这一行只是把每行结尾的换行符（\n）删掉。

- 第 13 行：接下来对 languages.txt 中读取到的语言进行编码，转换为原始字节序列。还记得 DBES 吗？也就是"解码字节序列，编码字符串"。next_lang 变量是一个字符串，要获取原始字节序列，我们需要通过调用 .encode() 来对字符串进行编码。encode() 函数的两个参数是编码方式和错误处理方式。

- 第 14 行：这是一个额外的步骤，展示了与第 13 行相反的操作，即从 raw_bytes 创建一个 cooked_string 变量。还记得 DBES 吗？字节序列需要通过 .decode() 转换为字符串，而 raw_bytes 是一个字节序列，所以只需调用 .decode()，我们就能得到一个 Python 字符串。这个字符串应该与 next_lang 变量的值相同。

- 第 16 行：将 raw_bytes 和 cooked_string 两个变量的值打印出来。

- 第 18 行：函数定义完成后，我们打开 languages.txt 文件。

- 第 20 行：程序的末尾，调用 main() 函数，并传入所有需要的参数，循环就此开始。记住，这里代码会跳到第 4 行的 main() 函数定义开头，然后执行到第 9 行，main() 函数会再次被调用，并持续循环。注意，第 7 行的 if 语句根据条件的真假来决定是否继续循环。

■ 深度学习编码

现在我们可以使用这个脚本来探索其他编码方式。以下展示了各种编码方式以及如何引发错误，如图 22-3 所示。

```
$ python ex22.py "utf-16" "strict"
b'\xff\xfeA\x00f\x00r\x00i\x00k\x00a\x00a\x00n\x00s\x00' <===> Afrikaans
b'\xff\xfe\xa0\x12\x1b\x12-\x12\x9b\x12' <===> አማርኛ
b'\xff\xfe\x10\x04\xa7\x04A\x04H\x04\xd9\x040\x04' <===> Аԥсшәа
b"\xff\xfe'\x06D\x069\x061\x06(\x06J\x06)\x06" <===> العربية
b'\xff\xfeA\x00r\x00a\x00g\x00o\x00n\x00\xe9\x00s\x00' <===> Aragonés
...
$ python ex22.py "big5" "strict"
b'Afrikaans' <===> Afrikaans
Traceback (most recent call last):
  #省略
UnicodeEncodeError: 'big5' codec can't encode character '\u12a0' in position 0: illegal multibyte sequence
```

图 22-3　运行结果

首先，我们做了一个简单的 UTF-16 编码，用来与 UTF-8 进行比较。你还可以尝试 UTF-32 编码，然后与 UTF-8 进行比较，看看 UTF-8 节省了多少空间。接着我们尝试 Big5 编码，会发现 Python 完全无法处理它，并抛出了错误：Big5 编码无法处理位置 0 的某些字符。解决方案之一是让 Python 替换掉 Big5 无法编码的字符，这样对于无法匹配 Big5 编码系统的字符，就会被打印为问号。

■ 不破不立

以下是一些想法，供你实践。

（1）找一些其他编码方式的字符串，放到 ex22.py 中，看看会出现什么问题。

（2）尝试使用一个不存在的编码方式，看看会发生什么。

（3）额外挑战：使用“b''”字节序列取代 UTF-8 字符串，重写代码，相当于将程序反向执行一遍。

（4）做完上面这些之后，还可以尝试破坏这些字节序列，删掉一些内容，看看会发生什么。删掉多少内容后 Python 才会报错？删掉多少内容后 Python 解码的字符串输出才会出现损坏？自己试试看吧。

（5）用你在第（4）项中学到的知识来破坏文件。会发现哪些错误？在 Python 解码系统不出错的前提下，你能对文件进行多大的破坏？

习题 23 列表入门

大多数编程语言都会以某种方式在计算机内存中存储数据。一些古老的编程语言只使用原始的内存存储方式，这让程序员很容易出错。所幸，在现代编程语言中，我们可以使用一些核心的数据存储方式，这些方式被称为“数据结构”。数据结构将数据片段（如整数、字符串，甚至其他数据结构）整合在一起，并以某种有效的方式进行排列。在本节习题中，我们将学习一种称为“列表”或“数组”的序列式数据结构，具体名称取决于所使用的编程语言。

Python 中最简单的序列式数据结构是列表，它是一种有序的事物集合。你可以随机访问列表中的元素，随意扩展或缩小它。

创建列表非常简单：

```
1  fruit = ["apples","oranges","grapes"];
```

只需将列表中的项目用 [ ] 括起来，并用逗号分隔它们即可。你可以将任何数据类型放入列表中，甚至包括列表本身：

```
1  inventory = [["Buick", 10], ["Corvette", 1], ["Toyota", 4]];
```

在这段代码中，我们创建了一个包含三个子列表的列表。每个子列表都包含一种汽车型号及其库存数量。仔细研究这一点，并确保你在阅读时能够理解并拆分它。因为在列表中存放其他数据结构，是一种非常常见的做法。

访问列表中的元素

如何获取 inventory 列表中的第一个元素？或者想知道你有多少辆别克汽车呢。我们可以这样做：

```
1  # 获取别克的记录
2  buicks = inventory[0]
3  buick_count = buicks[1]
4  # 或者一步到位
5  count_of_buicks = inventory[0][1]
```

在代码的前两行（注释之后），我分两步进行了操作。使用 inventory[0] 获取第一个元素。大多数编程语言的索引都是从 0 开始，而不是从 1 开始，因为这在大多数情况下可以使数学运算更加顺畅。变量名之后紧跟 [] 表示这是 Python 中的一个“容器”，表明我们要“用这个值索引该容器”，在这个例子中索引值是 0。在下一行，我们取出 buicks[1] 元素，从中获取的数值是 10。

不过，我们也可以不必这么麻烦。因为可以连续使用 [] 来查询列表内的元素。在代码的最后一行，我们使用 inventory[0][1]，这表示“先获取列表中的第 0 个元素，然后获取该元素中的第 1 个元素”。

在这里，有些同学可能会犯一个错误：第二个 [1] 并不意味着获取整个 ["Buick", 10]。它不是线性的，而是“递归的”，意味着它会深入结构内部。因此，获取到的是 ["Buick", 10] 中的 10。更准确地说，这种写法是前两行代码的组合。

■ 列表练习

列表本身相对简单，但需要通过练习来掌握如何访问复杂列表中的不同部分。正确理解如何索引嵌套列表至关重要，最好的方法是在 Jupyter 中使用这些列表进行练习。

在下面的代码中，有一系列列表。你可以像往常一样输入这些代码，然后使用 Python 来访问其中的元素，确保你获得的结果与本书所展示的一致。

■ 代码操作

要完成挑战，你需要输入以下代码：

代码 23.1: ex23.py

```
 1  fruit = [
 2      ['Apples', 12, 'AAA'], ['Oranges', 1, 'B'],
 3      ['Pears', 2, 'A'], ['Grapes', 14, 'UR']]
 4
 5  cars = [
 6      ['Cadillac', ['Black', 'Big', 34500]],
 7      ['Corvette', ['Red', 'Little', 1000000]],
 8      ['Ford', ['Blue', 'Medium', 1234]],
 9      ['BMW', ['White', 'Baby', 7890]]
10  ]
11
12  languages = [
13      ['Python', ['Slow', ['Terrible', 'Mush']]],
14      ['JavaScript', ['Moderate', ['Alright', 'Bizarre']]],
15      ['Perl6', ['Moderate', ['Fun', 'Weird']]],
16      ['C', ['Fast', ['Annoying', 'Dangerous']]],
17      ['Forth', ['Fast', ['Fun', 'Difficult']]],
```

```
18  ]
```

你可以从本书的附带资源中直接复制粘贴代码，因为本节习题的重点是学习如何访问数据。但如果你想额外练习输入 Python 代码，手动输入也没有问题。

■ 挑战

我会给你一个列表的名称和对应的一条数据，你的任务是弄清楚需要使用哪些索引来获取正确的信息。例如，如果我给出 fruit 和 'AAA'，那么你的答案应该是 fruit[0][2]。你应该先在脑海中分析代码并解决问题，然后在 Jupyter 中验证你的猜测。

水果挑战

你需要从 fruit 变量中获取以下这些元素：

- 12
- 'AAA'
- 2
- 'Oranges'
- 'Grapes'
- 14
- 'Apples'

汽车挑战

- 你需要从 cars 变量中获取以下这些元素：
- 'Big'
- 'Red'
- 1234
- 'White'
- 7890
- 'Black'
- 34500
- 'Blue'

语言挑战

你需要从 languages 变量中获取以下这些元素：

- 'Slow'

- 'Alright'
- 'Dangerous'
- 'Fast'
- 'Difficult'
- 'Fun'
- 'Annoying'
- 'Weird'
- 'Moderate'

最终挑战

最后，弄清楚下面这段代码的输出是什么：

```
1  cars[1][1][1]
2  cars[1][1][0]
3  cars[1][0]
4  cars[3][1][1]
5  fruit[3][2]
6  languages[0][1][1][1]
7  fruit[2][1]
8  languages[3][1][0]
```

不要急着在 Jupyter 中运行它们，先在脑海中思考每一行的结果，然后在 Jupyter 中进行验证。

习题 24 字典入门

在本节习题中，我们将使用与上一节列表习题相同的数据，通过它们来学习字典的相关知识。

键 / 值结构

其实，我们在生活中不知不觉已经使用了“键 / 值结构”。例如，当我们在阅读邮件时，可能会看到类似以下的内容：

```
1  From: j.smith@example.com
2  To: zed.shaw@example.com
3  Subject: I HAVE AN AMAZING INVESTMENT FOR YOU!!!
```

左边的部分称为键（From、To、Subject），它们映射到冒号右边的内容。程序员通常会说“键”映射到“值”，也可以说“设置为”，例如“我将 From 键映射到 j.smith@example.com”，或者“我将 From 设置为 j.smith@example.com”。在 Python 中，我会这样使用数据对象来编写这封邮件：

```
1  email = {
2      "From": "j.smith@example.com",
3      "To": "zed.shaw@example.com",
4      "Subject": "I HAVE AN AMAZING INVESTMENT FOR YOU!!!"
5  };
```

可以通过以下步骤创建数据对象：

（1）使用 {}（花括号）包裹它。

（2）键，这里是一个字符串，但也可以是数字或几乎任何其他类型。

（3）:（冒号）。

（4）值，可以是 Python 中任何有效的内容。

完成这些后，我们就可以像下面这样访问 Python 的邮件内容：

```
1  email["From"]
2  'j.smith@example.com'
3
4  email["To"]
5  'zed.shaw@example.com'
6
7  email["Subject"]
8  'I HAVE AN AMAZING INVESTMENT FOR YOU!!!
```

与列表索引的唯一区别是：使用字符串（例如 'From'）而不是整数进行索引。不过，如果你愿意，也可以使用整数作为键（我们很快就会讨论这个）。

■ 列表与数据对象的结合

在编程实践中，通过整合不同组件来实现意想不到的效果。这些效果有时会导致崩溃或错误，而在其他时候则可能呈现一种新颖的解决方案，以完成特定任务。然而，当你尝试进行这种创新性的组合时，结果通常并不神秘或意外。虽然对你来说可能显得出乎意料，但通常在编程语言的规范中都有解释（即使这些解释有时显得荒谬）。计算机中没有魔法，只有你尚未理解的复杂性。

将数据对象放入列表中，是一个结合 Python 组件的典型案例，比如我们可以这样做：

```
1  messages = [
2      {"to": 'Sun',"from": 'Moon',"message": 'Hi!'},
3      {"to": 'Moon',"from": 'Sun',"message": 'What do you want Sun?'},
4      {"to": 'Sun',"from": 'Moon',"message": "I'm awake!"},
5      {"to": 'Moon',"from": 'Sun',"message": 'I can see that Sun.'}
6  ];
```

完成这些后，就可以使用列表语法来访问数据对象，如下所示：

```
1  messages[0]['to']
2  'Sun'
3
4  messages[0]['from']
5  'Moon'
6
7  messages[0]['message']
8  'Hi!'
9
10 messages[1]['to']
11 'Moon'
12
13 messages[1]['from']
14 'Sun'
15
16 messages[1]['message']
17 'What do you want Sun?'
```

请注意，在使用 messages[0] 后，也可以对数据对象使用 []（索引）语法。同样，你可以尝试组合不同的功能来看看它们是否有效，如果有效，请找出原因

（尽管有些原因看着可能很奇怪）。

■代码

现在我们将重复之前对列表所做的练习，写出我设计的三个数据对象。然后你需要将它们输入 Python 中，并尝试访问这些数据。记住，尽量先在脑海中进行思考，然后通过 Python 进行验证。你还应该练习操作列表和字典结构，直到能够自信地访问其内容。最终你会意识到，数据是相同的，只是结构有所不同而已。

代码 24.1: ex24.py

```
1  fruit = [
2      {'kind': 'Apples',  'count': 12, 'rating': 'AAA'},
3      {'kind': 'Oranges', 'count': 1,  'rating': 'B'},
4      {'kind': 'Pears',   'count': 2,  'rating': 'A'},
5      {'kind': 'Grapes',  'count': 14, 'rating': 'UR'}
6  ];
7
8  cars = [
9      {'type': 'Cadillac', 'color': 'Black',
10      'size': 'Big', 'miles': 34500},
11     {'type': 'Corvette', 'color': 'Red',
12      'size': 'Little', 'miles': 1000000},
13     {'type': 'Ford', 'color': 'Blue',
14      'size': 'Medium', 'miles': 1234},
15     {'type': 'BMW', 'color': 'White',
16      'size': 'Baby', 'miles': 7890}
17 ];
18
19 languages = [
20     {'name': 'Python', 'speed': 'Slow',
21      'opinion': ['Terrible', 'Mush']},
22     {'name': 'JavaScript', 'speed': 'Moderate',
23      'opinion': ['Alright', 'Bizarre']},
24     {'name': 'Perl6', 'speed': 'Moderate',
25      'opinion': ['Fun', 'Weird']},
26     {'name': 'C', 'speed': 'Fast',
27      'opinion': ['Annoying', 'Dangerous']},
28     {'name': 'Forth', 'speed': 'Fast',
29      'opinion': ['Fun', 'Difficult']},
```

```
30  ];
```

■ 运行结果

我们在这里进行的是一些复杂的数据访问操作，所以要慢慢来。首先，我们需要访问包含这些数据的变量，然后从中访问列表，接着访问列表中的字典对象。在某些情况下，还需要进一步访问字典中的嵌套列表……

■ 挑战

我会给你一组完全相同的数据元素以供获取。你的任务是找出需要哪些索引来获取这些信息。例如，如果我告诉你水果的 'AAA'，那么你的答案就是 fruit[0]['rating']。你应该习惯先在头脑中进行思考，然后在 Python Shell 中检验你的猜测。

水果挑战

你需要从 fruit 变量中获取以下这些元素：

- 12
- 'AAA'
- 2
- 'Oranges'
- 'Grapes'
- 14
- 'Apples'

汽车挑战

你需要从 cars 变量中获取以下这些元素：

- 'Big'
- 'Red'
- 1234
- 'White'
- 7890
- 'Black'
- 34500
- 'Blue'

语言挑战

你需要从 languages 变量中获取以下这些元素：

- 'Slow'
- 'Alright'
- 'Dangerous'
- 'Fast'
- 'Difficult'
- 'Fun'
- 'Annoying'
- 'Weird'
- 'Moderate'

最终挑战

最终挑战是写出 Python 代码，输出与习题 23 中相同的结果。再次提醒，请放慢速度，先在头脑中思考，然后实践以验证你的猜想是否正确。如果错了，那么需要花时间理解为什么会弄错。如果是我（作者），可以在脑海中一次性答对所有答案，不会出任何错误。因为我（作者）比你更有经验，所以你现在会犯一些错误，这没关系，等你累积了足够的练习，也可以跟我（作者）一样厉害。

你该不会还不知道上面这些其实是歌词吧？是 Prince 的歌，名字叫作 *Little Red Corvette*。现在请你在继续阅读本书之前先听上 10 首 Prince 的歌曲，否则我们就不能再做朋友了（译者注：作者是 Prince 的狂热歌迷）！

习题 25 字典和函数

在本节习题中，我们将通过结合函数与字典来做一些有趣的事情。这次的目的是帮助你学会如何将 Python 中的不同知识点结合起来使用。这是编程学习中的一个关键点，很快你就会发现，许多“复杂”的概念不过只是简单概念的组合而已。

■ 步骤 1：函数名称是变量

首先，我们需要了解，函数名和其他变量名是一样的，请看下面这段代码：

```
1  def print_number(x):
2      print("NUMBER IS", x)
3
4  rename_print = print_number
5  rename_print(100)
6  print_number(100)
```

如果运行这段代码，你会发现 rename_print() 和 print_number() 的作用完全一致。因为函数名和变量是一样的，我们可以将名称重新赋值给另一个变量，这相当于以下操作：

```
1  x = 100
2  y = x
```

在你理解这个概念之前，尽量多尝试一下。创建自己的函数，然后将它们赋值给一个新名称，直到你完全掌握为止。

■ 步骤 2：带变量的字典

显然，我们可以将一个变量放入字典中：

```
1  color = "Red"
2  corvette = {
3      "color": color
4  }
5
6  print("LITTLE", corvette["color"],"CORVETTE")
```

接下来的内容很有意义，因为你可以将数值和字符串都放入字典中，还可以将它们赋值给变量，自然也可以结合这两者，将变量放入字典中。

■ 步骤 3：带函数的字典

现在我们可以结合这些概念，将函数放入字典中：

```
1  def run():
2      print("VROOM")
3
4  corvette = {
5      "color": "Red",
6      "run": run
7  }
8
9  print("My", corvette["color"],"can go")
10 corvette["run"]()
```

我们将之前的颜色变量直接放入 corvette 字典中，然后创建了一个 run() 函数，也将它放入 corvette 字典中。比较复杂的部分是最后一行 corvette["run"]()，基于你目前所掌握的知识，看看是否能够理解它。在继续之前，花些时间写下你对这行代码的理解。

■ 步骤 4：解读最后一行

解读最后那行 corvette["run"]() 的诀窍是将它分解成几个部分。像这样的代码之所以让人感到困惑，是因为人们倾向于将其视为一个整体，而实际上这行代码是由多个部分组成的。如果我们将其分解，就能得到下面这些代码：

```
1  # 从 corvette 字典中获取 "run" 函数
2  myrun = corvette["run"]
3  # 运行它
4  myrun()
```

即便是这两行代码，也没有完全描述整个过程，但至少表明一行代码中包含两个操作：用 corvette["run"] 获取函数，然后用 () 运行该函数。为了进一步分解这个过程，我们可以这样理解：

（1）corvette 告诉 Python 载入字典。

（2）[告诉 Python 开始对 corvette 进行索引操作。

（3）"run" 告诉 Python 使用 "run" 作为查找的键。

（4）] 告诉 Python 已经完成索引操作。

（5）Python 随后返回与 "run" 键对应内容，即前面的 run() 函数。

（6）Python 现在得到了 run() 函数，所以 () 告诉 Python 去调用它，就像调用任何其他函数一样。

花些时间理解上面的运行流程，并在 corvette 上编写自己的函数，使它能够执行更多操作。

■ 温故知新

现在我们已经有一段不错的代码可以控制一辆汽车。在本节的“温故知新”中，我们将创建一个新的函数，来生成任何类型的汽车。生成函数应满足以下要求。

（1）它应接收参数来设置诸如颜色、速度或其他汽车的属性。

（2）它应创建一个包含正确设置的字典，并且字典中已经包含你创建的所有函数。

（3）它应返回这个字典，以便人们可以将结果赋值给任何自己想使用的变量。

（4）它应支持人们创建任意数量的不同汽车，并且每辆汽车都是独立的。

（5）你的代码应测试第（4）点，比如通过更改几辆不同汽车的设置，然后确认这些更改不会影响其他汽车。

这个挑战与以往有所不同，因为我们将在后面的习题中提供参考答案。如果你在这个挑战中遇到困难，可以暂时放一放，继续往下学习。不用担心，因为很快我们还会再次遇到这个挑战。

习题 26 字典和模块

在本节习题中，我们将学习字典是如何与模块协同工作的。每当你使用 import 向 Python 源代码添加“功能”时，实际上就是在导入模块。在习题 17 中，我们已经接触过这个操作。因此，在开始本节习题之前，回顾一下习题 17 的内容会很有帮助。

■ 步骤 1：import 的回顾

首先，让我们回顾一下 import 的工作方式，并进一步了解相关知识。花些时间将以下代码输入 ex26.py 的 Python 文件中。我们可以在 Jupyter 中通过创建一个文件（左侧的蓝色 [+] 按钮）并进行命名。

代码 26.1: ex26.py

```
1  name = "Zed"
2  height = 74
```

创建好这个文件后，可以使用以下方式导入它。

代码 26.2: ex26_code.py

```
1  import ex26
```

这样就已经将 ex26.py 的内容导入 Jupyter Lab 中了，然后你可以按如下方式访问它们：

代码 26.3: ex26_code.py

```
1  print("name", ex26.name)
2  print("height", ex26.height)
```

花些时间尽可能多地尝试上述操作，添加新的变量并再次进行导入，以加深对其工作原理的理解。

■ 步骤 2：找到 __dict__

一旦理解了 import 是如何将 ex26.py 的内容导入 Jupyter Lab 中，我们就可以开始查看 __dict__ [①] 变量了。

---

① __dict__ 中为双下画线。

代码 26.4: ex26_code.py

```
1  from pprint import pprint
2
3  pprint(ex26.__dict__)
```

pprint() 函数是一个“格式化打印机”，它将以更清晰的格式打印 __dict__ 变量的内容。

此时，我们会惊讶地发现，ex26 竟然有一个“隐藏”的变量，即 __dict__。实际上，它是一个字典，包含了模块中的所有内容。我们可以在 Python 的许多地方发现类似的 __dict__ 以及其他“秘密”变量。__dict__ 的内容包括许多并非我们代码中直接定义的元素，而是 Python 在处理模块时所需的内容。

这些变量相当隐蔽，以至于即使是顶级专业人士也常常会忘记它们的存在。许多程序员认为模块和字典是完全不同的，然而，实际上模块内部使用了 __dict__，这意味着它和字典是一样的。唯一的区别在于，Python 提供了一些语法，允许我们使用点操作符（.）来访问模块，而不必使用字典语法，但模块仍然可以像字典那样被访问。

代码 26.5: ex26_code.py

```
1  print("height is", ex26.height)
2  print("height is also", ex26.__dict__['height'])
```

使用这两种语法，我们可以得到相同的输出，但使用“.”语法显然更为简洁。

■ 步骤 3：更改 __dict__

如果一个模块在内部确实是一个字典，那么更改 __dict__ 的内容是否也能改变模块中的变量呢？让我们尝试一下：

代码 26.6: ex26_code.py

```
1  print(f"I am currently {ex26.height} inches tall.")
2
3  ex26.__dict__['height'] = 1000
4  print(f"I am now {ex26.height} inches tall.")
5
6  ex26.height = 12
7  print(f"Oops, now I'm {ex26. dict ['height']} inches tall.")
```

正如我们所见，当 ex26.__dict__['height'] 被更改时，变量 ex26.height 也随之改变，这证明了模块实际上就是 __dict__。

这也意味着点操作符（.）实际上是被转换成了 __dict__[] 的访问操作。我希望你能够记住这一点，因为很多时候，初学者看到 ex26.height 时，会认为这是一个独立的代码单元。实际上，它是由几个独立的操作组成的。

（1）找到 ex26。

（2）找到 ex26.__dict__。

（3）在 __dict__ 中索引 'height'。

（4）返回相应的值。

一旦我们理解了这种联系，就能真正理解点操作符（.）是如何工作的。

■ 温故知新：如何查找“Dunders”

__dict__ 变量通常被称为“双下画线变量”，即“dunder 变量”。在学习 dunder 变量的最后一步，你将需要访问 Python 的数据模型文档，这份文档详细描述了如何使用这些 dunder 变量。

这是一份内容庞杂的文档，写作风格相对枯燥，因此最有效的学习方式是直接搜索 __（双下画线），然后根据文档中的描述找到访问这些变量的方法。例如，我们几乎可以在任何对象上尝试访问 __doc__。

代码 26.7: ex26_code.py

```
1  from pprint import
2  pprint print(pprint.__doc__)
```

这里将会提供关于 pprint() 函数的文档，我们也可以通过 help() 函数访问相同的信息。

代码 26.8: ex26_code.py

```
1  help(pprint)
```

尽可能多地尝试查找所有 dunder 并进行类似的试验。有些我们可能永远不会使用到，但了解它们在 Python 内部是如何工作的，将会对你的编程生涯大有裨益。

习题 27 代码游戏的五条简单规则

提示：此习题应与接下来的习题结合学习，并且需要周期性地进行复习。本节希望大家尽可能慢地前进，尝试举一反三，直到完全理解为止。如果在本节习题中遇到困惑的内容，可以暂时跳过，继续完成后续习题。如果在后面的习题中再次感到困惑，可以返回来复习之前跳过的内容。如此反复，直至豁然开朗。记住，你永远不会失败，只需要不断尝试，最终都会进步。

如果你玩过围棋或国际象棋，应该知道这些游戏的规则其实相当简单，但游戏中的变化却极其复杂。真正好的游戏应该具有简单规则与复杂互动特性。编程也可以看作一种游戏，它定义了一些简单的规则，而这些规则可以创造出相当复杂的互动体验。在本节习题中，我们将学习这些简单的规则。

开始之前需要强调的是，在编码时有些规则可能不会被直接使用（尽管某些编程语言确实会用到它们），但这些规则确实是你的 CPU 在使用。

这些规则无处不在，理解它们将有助于更深入地了解我们编写的代码。它们会帮助你在代码出错时进行调试。通过学习这些规则，我们将能够看到代码背后的工作原理，甚至可以说这些规则就是编程游戏中的“作弊码”。

当然，但凡深刻的概念都是不容易掌握的，不要期望可以立刻理解它们。将本节习题视为本模块其余习题的铺垫是个不错的选择。当你遇到困难时，可以暂时跳过并继续进行下一节习题。我们要学会在本节与接下来的其他习题之间来回切换，直到这些概念“豁然开朗”。你也应该尽可能深入地研究这些规则，但千万不要在这里停滞不前。努力几天，继续前进，再回来继续尝试。只要持续尝试，实际上就一直是在进步。

■ 规则 1：一切都是指令序列

所有程序的背后都是由一系列指令构成的，这些指令用于告诉计算机实际要去做些什么。请看下面的代码：

```
1 x = 10
2 y = 20
3 z = x + y
```

这段代码从第 1 行开始执行，然后是第 2 行，直到结束。在 Python 中，这三行代码被转换成一系列看起来像下面这样的指令：

```
 1  LOAD_CONST    0 (10)  # 加载数字 10
 2  STORE_NAME    0 (x)   # 存储到 x 中
 3
 4  LOAD_CONST    1 (20)  # 加载数字 20
 5  STORE_NAME    1 (y)   # 存储到 y 中
 6
 7  LOAD_NAME     0 (x)   # 加载 x（即 10）
 8  LOAD_NAME     1 (y)   # 加载 y（即 20）
 9  BINARY_ADD    .       # 将两者相加
10  STORE_NAME    2 (z)   # 存储到 z 中
```

这看起来与 Python 代码完全不同，但我敢打赌，你能大致理解这些指令的含义。我在上面添加了注释，用于解释每一条指令。因此，将其与前面的 Python 代码关联起来应该并不困难。

现在花些时间将 Python 代码与每一条指令相关联，利用提供的注释，你应该可以弄明白它们之间的联系，这样做会让你对 Python 代码有一个全新的认知。

我们不需要记住或理解每一条指令，只需要意识到：我们的 Python 代码事实上会被翻译成一系列简单的指令序列，这些指令告诉计算机需要做什么。这些指令被称为字节码，因为它们通常以计算机能理解的数字序列存储在文件中。大家看到的输出通常被称为“汇编语言”，这种语言使用的是人类勉强可以阅读的版本进行书写。

这些简单的指令是从顶部开始处理的，一次执行一条，程序退出时结束。就像 Python 代码一样，但使用了更简单的“INSTRUCTION OPTIONS”（指令选项）语法。从另一个角度看，x = 10 的每个部分可能在字节码中都成为了独立的指令。

这就是代码游戏的第一条规则：我们编写的一切内容最终都会变成一系列字节码，这些字节码作为指令提供给计算机，告诉计算机实际应该做什么。

如何获取这些指令

想要查看指定 Python 代码相应的指令输出，我们需要使用一个名为 dis 的模块。传统上，这种代码被称为“字节码”或“汇编语言”，因此 dis 代表的是反汇编（Disassembly）。使用 dis 模块，可以像下面这样导入它并使用其中的 dis() 函数：

```
1  # 从 dis 模块中导入 dis() 函数
```

```
2 from dis import dis
3
4 # 以字符串形式向dis()传递代码
5 dis('''
6 x = 10
7 y = 20
8 z = x + y
9 ''')
```

在上面这段代码中，我们执行了以下几个操作。

（1）从 dis 模块中导入 dis() 函数。

（2）运行 dis() 函数，并使用三引号 (''') 给它提供了一个多行字符串作为参数。

（3）将想要反汇编的 Python 代码写入这个多行字符串中。

（4）最后，使用三引号 (''') 结束多行字符串参数和 dis() 函数的调用。

在 Jupyter 中运行这段代码时，你将会看到它像上面展示的那样输出字节码，可能还会有一些额外内容，这些我们稍后会作进一步讨论。

这些字节码存储在哪里

当运行 Python 3 时，这些字节码将存储在一个名为"__pycache__"的目录中。如果将这段代码放入一个名为"ex27.py"的文件中，然后使用命令 python ex27.py 运行它，你将会在同一目录中看到一个以 .pyc 结尾的文件，这个文件就包含了编译后的字节码。

当运行 dis() 函数时，实际上是将 .pyc 文件中的内容以人类可读的形式打印出来，这有助于我们理解 Python 代码在底层是如何被解释和执行的。

■规则 2：跳转使序列非线性

理解一些类似 LOAD_CONST 10 的简单指令，其实对你来说并没有太大意义。加载数字 10——这并不令人惊讶。真正有趣的指令，是在引入"跳转"概念之后，因为这使得指令序列可以非线性执行。让我们来看一个新的 Python 代码片段：

```
1 while True:
2     x = 10
```

为了理解这段代码，我们必须提前预告一下后面将要学习的内容——while 循环。代码 while True: 简单地说就是"当 True 为真时，不断运行其中 x = 10 这行代码"。然而，由于 True 总是为真，所以这将是一个无限循环。如果在 Jupyter 中运行它，这个程序将永远不会停止。

当我们对这段代码使用 dis() 时，就会看到一条新的指令 JUMP_ABSOLUTE：

```
1  dis("while True: x = 10")
2        0 LOAD_CONST              1 (10)
3        2 STORE_NAME              0 (x)
4        4 JUMP_ABSOLUTE           0 (to 0)
```

注意到左边的数字 0、2、4 了吗？在之前的代码中，我把它们删掉了，这样你就不会分心，但在这里它们却很重要，因为它们代表每条指令在序列中的位置。所以，JUMP_ABSOLUTE 0 的作用就是让 Python“跳转到位置 0 的指令”，即 LOAD_CONST 1 (10)。

有了这条指令，就可以将乏味的线性代码转变成一个更复杂的循环代码。稍后我们将看到跳转如何与测试相结合，以支持通过字节序列进行更复杂的移动。

为什么是向上跳转的

你可能已经注意到，Python 代码看起来像“当 True 为真时，设置 x 等于 10”，但 dis() 的输出更像是“设置 x 等于 10，然后跳转回去再做一次”。这是因为根据规则 1，Python 代码最终必须被转化为一系列指令序列，所以这里不允许有嵌套结构或任何比指令选项更复杂的语法。

为了遵守这一规则，Python 需要将代码翻译成字节码序列，以产生预期的输出。这意味着实际的重复部分必须被移到序列的末尾，以确保它在一个连续的指令序列中执行。当我们查看字节码和汇编语言时，这种向上跳转的特性经常会出现。

跳转可以是向下的吗

可以，从技术上讲，JUMP 指令只是告诉计算机处理序列中的不同指令。它可以是下一个、前一个，或未来的某一个。其工作方式是让计算机跟踪当前指令的“索引”，并简单地设置这个索引。

当进行 JUMP 指令时，实际上是告诉计算机将这个索引更改为代码中的新位置。在我们的 while 循环代码中，JUMP_ABSOLUTE 指令的索引值是 4（见其左侧）。运行后，索引变更为 0，即 LOAD_CONST 所在的位置，因此计算机再次运行那条指令，从而导致了无限循环的发生。

```
1  0 LOAD_CONST              1 (10)
2  2 STORE_NAME              0 (x)
3  4 JUMP_ABSOLUTE           0 (to 0)
```

■ 规则 3：测试控制跳转

跳转对于循环来说非常有用，但如果是做决策呢？编程中常见的一种情形是提出这样的问题:“如果 x 大于 0，则将 y 设为 10。”

如果我们用简单的 Python 代码写出来，可能是这样的:

```
1  if x > 0:
2      y = 10
```

再次提醒，这些内容将在后面才会学到，但由于它们足够简单，现在你其实也可以自己弄明白。

（1）Python 将测试 x 是否大于 0。

（2）如果是，那么 Python 将执行 y = 10 操作。

（3）你看到 y = 10 是如何在 if x > 0: 下方缩进的吗？这被称为“块”，Python 使用缩进来表示“这些缩进的代码是属于上层代码的一部分”。

（4）如果 x 不大于 0，那么 Python 将跳过 y = 10 这一行语句。

如果要用 Python 字节码来实现这段逻辑，需要一个新的指令。我们现在已经有了跳转和变量，只需要再增加一种比较两个值并根据比较结果进行跳转的方法即可。

现在让我们通过 dis() 来看看 Python 是如何做到这一点的:

```
1  dis('''
2  x=1
3  if x > 0:
4      y = 10
5  ''')
6
7      0  LOAD_CONST             0 (1)        # 加载 1
8      2  STORE_NAME             0 (x)        # x = 1
9
10     4  LOAD_NAME              0 (x)        # 加载 x
11     6  LOAD_CONST             1 (0)        # 加载 0
12     8  COMPARE_OP             4 (>)        # 比较 x > 0
13     10 POP_JUMP_IF_FALSE     10 (to 20)    # false 跳转
14
15     12 LOAD_CONST             2 (10)       # 非 false, load 10
16     14 STORE_NAME             1 (y)        # y = 10
17     16 LOAD_CONST             3 (None)     # 完成，加载 None
18     18 RETURN_VALUE                        # 退出
19
20     # 如果 false 跳到这里
21     20 LOAD_CONST             3 (None)     # 加载 none
22     22 RETURN_VALUE                        # 退出
```

代码的关键部分是 COMPARE_OP 和 POP_JUMP_IF_FALSE：

```
1     4  LOAD_NAME0            0 (x)        # 加载 x
2     6  LOAD_CONST            1 (0)        # 加载 0
3     8  COMPARE_OP            4 (>)        # 比较 x > 0
4     10 POP_JUMP_IF_FALSE    10 (to 20)    # false 跳转
```

这段代码的作用如下。

（1）使用 LOAD_NAME 来加载变量 x。

（2）使用 LOAD_CONST 来加载常数 0。

（3）使用 COMPARE_OP 进行大于比较并得到 True 或者 False 的结果。

（4）最后，POP_JUMP_IF_FALSE 使得 if x > 0 起作用，它将“弹出”True 或者 False 的结果。如果比较结果为 False，将直接跳转到指令 20 的位置。

（5）但如果比较结果为 True，Python 则会继续运行下一条指令，开始执行 y = 10 的指令序列。

花点时间逐步理解这段代码。如果有打印机，可以试着将代码打印出来，并手动将 x 设置为不同的值，然后追踪代码的运行过程。当你将 x 设置为 -1 时，会发生什么？

你说的“弹出”是什么意思

在前面的代码中，我们略过了 Python 如何“弹出”值以读取它的具体细节。其实，它是将值存储在一个称为“栈”的地方。目前，你只需把它想象成一个临时的存储容器，先将值“压入”其中，然后“弹出”这些值。在现阶段的学习中，我们不需要深入探讨这一点，只需理解其效果，即获取最后一条指令的结果。

像 COMPARE_OP 这样的测试不也用在循环中吗

是的，基于目前所了解的内容，你可能已经足以弄明白它是如何工作的了。试着写一个 while 循环，看看是否能用当前所掌握的知识让它运行起来。不过，如果做不到也不必担心，因为我们将在后面的习题中涵盖这一知识点。

■ 规则 4：存储控制测试

在代码运行期间，我们需要一种方式来跟踪那些发生变化的数据，即通过“存储”来实现。通常，这种存储发生在计算机的内存中，为此我们会为存储在内存中的数据创建一个名称。比如，当我们编写以下代码时，其实已经在进行这种操作了：

```
1  x = 10
```

```
2  y = 20
3  z = x + y
```

在上面的每一行代码中，我们都在生成新的数据并将其存储在内存中。我们还为这些内存片段命名为 x、y 和 z。之后，我们可以使用这些名字来“调出”内存中的这些值。这正是我们在 z = x + y 中所做的：只是从内存中取出 x 和 y 的值并将它们相加。

这已经涵盖了大部分内容，但这一规则的关键在于，我们几乎总是通过内存来控制测试。

当然，你也可以按如下方式编写代码：

```
1  if 1 < 2:
2      print("but...why?")
```

不过，这样做只是运行了第 2 行代码，因为前面的测试毫无意义——1 永远小于 2。

像 COMPARE_OP 这样的测试，只有在你使用变量使测试基于计算而变得动态时，才会真正发挥作用。这就是为什么我们把它看作“代码游戏”的一条规则，因为没有变量的代码实际上是枯燥无味的。

花点时间回顾之前的例子，看看 LOAD 指令是如何加载值的，以及 STORE 指令是如何将值存储到内存中的。

■ 规则 5：输入 / 输出控制存储

“代码游戏”的最后一条规则是控制代码如何与外部世界进行互动。拥有变量固然很好，但一个只包含源文件输入数据的程序并没有太大用处，我们需要的是输入和输出。

输入是指如何从文件、键盘或网络等获取数据到我们的代码中。前面我们已经使用 open() 和 input() 函数来做到这一点。每次打开一个文件、读取内容并对它们进行操作时，都是在访问输入。当我们使用 input() 向用户提问时，就是在使用输入。

输出是指如何保存或传输程序的结果。输出可以是通过 print() 打印到屏幕上，也可以通过 file.write() 写入文件，甚至可以通过网络进行输出。

下面，让我们在使用 input('Yes?') 的情况下运行 dis()，看看它是如何工作的：

```
1  from dis import dis
2
```

```
3  dis("input('Yes? ')"
4  0 LOAD_NAME              0 (input)
5  2 LOAD_CONST             0 ('Yes? ')
6  4 CALL_FUNCTION          1
7  6 RETURN_VALUE
```

可以看到，现在有一个新指令CALL_FUNCTION，它实现了我们在习题 18 中学到的函数调用。当 Python 遇到 CALL_FUNCTION 时，会找到已经通过 LOAD_NAME 加载的函数，然后跳转到该函数并运行其代码。关于函数的工作原理还有很多内容，但你可以将 CALL_FUNCTION 视为类似 JUMP_ABSOLUTE 的指令，只不过它是跳转到指令中的一个命名位置而已。

■ 总结复习

综合这五条规则，我们得出以下关于代码游戏的总结。

（1）读取数据作为程序的输入（规则 #5）。

（2）将这些数据存储在内存（变量）中（规则 #4）。

（3）使用这些变量来进行测试……（规则 #3）。

（4）……可以在指令序列中跳转……（规则 #2）。

（5）……指令序列顺序执行……（规则 1）。

（6）……将数据转换为新的变量……（规则 #4）。

（7）……然后将其输出用于存储或显示（规则 #5）。

虽然这看起来很简单，但这些规则确实可以创造出非常复杂的软件，“视频游戏”就是一个很好的例子。“视频游戏”读取用户的控制器或键盘作为输入，更新场景中模型的相关变量，并使用高级指令将场景渲染到用户的屏幕上作为输出。

现在花点时间回顾你已经完成的习题，看看是否能够更好地理解这些代码。使用 dis() 来分析那些你还不理解的代码是否会有所帮助？还是会让你更加困惑？如果有帮助，那就尝试对所有代码使用它，以获得新的见解。如果目前没有帮助，那就先记住这个方法，以后再使用。哦，对了，如果你尝试对习题 26 进行分析，可能会发生特别有趣的事。

字节码列表

随着学习的深入，你需要对一些代码使用 dis()，以分析它们在做什么。你可能需要研究 Python 字节码的完整列表，这可以在 dis() 文档的结尾处找到（中文文档请参考 https://fishc.com.cn/thread-243804-1-1.html）。

dis() 是副本任务

在后续的习题中，会有一些简短的部分要求对代码运行 dis() 来研究字节码，这些部分是你学习过程中的“副本任务”。这意味着它们对于理解 Python 来说并不是必需的，但如果你能完成它们，可能对你以后会大有裨益。如果实在感觉太难，可以先跳过，继续学习本书的其他部分内容。

关于 dis() 最重要的一点，是它让你能够直接了解 Python 代码究竟在做什么。如果你对代码的工作原理感到困惑，或者好奇 Python 在幕后究竟做了什么，那么 dis() 就是你完美的学习伙伴。

习题 28 理解逻辑关系

我们已经学会了如何在终端中读写文件，并掌握了 Python 中的许多数学运算功能。从现在开始，我们将专注于逻辑的学习。不过，我们不需要深入研究那些复杂的逻辑理论，而是专注于那些让程序运行的基本逻辑，这些是程序员每天都会用到的核心知识。

在开始学习逻辑之前，我们需要先记住一些内容。请务必在一周内完成这节习题，不要擅自调整日程安排。即使觉得枯燥乏味，也要坚持下去，因为这节习题会要求你记住一系列逻辑表格，这样在完成后续习题时会轻松许多。

> 提示：最初，这个过程可能显得非常枯燥乏味，但它可以教会你一个作为程序员至关重要的技能——记忆关键概念。这些概念在掌握后将变得十分有趣。尽管这个过程可能像与一只鱿鱼搏斗一样艰难，但总有一天你会突然理解它们。所有那些努力，最终都会变成丰厚的回报。

这里有一个小技巧，能帮助你在不感到厌烦的情况下记住这些内容：每天分几次少量地进行练习，并记录下需要加强的部分。不要试图一口气坐在那里两个小时，强迫自己记住这些表格，这样做效果不佳。你的大脑通常只能记住前 15~30 分钟内学习的内容。相反，你可以制作一堆索引卡，每张卡片的正面写上表格的左列内容，背面写上右列内容。然后抽出卡片，看到“True”或“False”时，立即说出相应的答案。继续练习，直到你能够熟练地做到这一点。

一旦掌握了这些内容，接下来你需要每天晚上在笔记本上自己默写它们。不要只是抄写，要尽量回忆并默写出来。如果发现有记不住的地方，可以快速看一眼答案。这样，你的大脑会逐渐记住整个真值表。

尽量将这个过程控制在一周内完成，因为我们将在后续的习题中不断应用这些内容。

■ 逻辑术语

在 Python 中，以下术语（字符和短语）用于判断某些东西是“True”还是“False”。计算机上的逻辑，就是要看这些字符和一些变量的组合在程序运行时是否为真。

- and：与
- or：或

- not：非
- !=：不等于
- ==：等于
- >=：大于或等于
- <=：小于或等于
- True：真
- False：假

我们之前已经遇到过这些字符，但可能没有正式接触过这些术语。这些术语（如 not、or、and）的工作方式实际上和它们的字面含义是一样的。

■真值表

我们将使用这些字符来创建需要记住的真值表。

首先，是 not X 的真值表，如表 28-1 所示：

表 28-1　not X 的真值表

not	结果
not False	True
not True	False

其次，是 X or Y 的真值表，如表 28-2 所示：

表 28-2　X or Y 的真值表

or	结果
True or False	True
True or True	True
False or True	True
False or False	False

再次，是 X and Y 的真值表，如表 28-3 所示：

表 28-3　X and Y 的真值表

and	结果
True and False	False
True and True	True
False and True	False
False and False	False

最后，是not(X or Y)的真值表以及not(X and Y)的真值表，如表28-4和表28-5所示：

表 28-4　not (X or Y) 的真值表

not or	结果
not(True or False)	False
not(True or True)	False
not(False or True)	False
not(False or False)	True

将这些表格与or和and的表格进行比较，看看是否存在某种模式，这样你可能就不需要死记硬背了。

表 28-5　not (X and Y) 的真值表

not and	结果
not(True and False)	True
not(True and True)	False
not(False and True)	True
not(False and False)	True

现在我们来讨论等式，它是以不同方式测试一个事物是否等于另一个事物。首先是X != Y，如表28-6所示：

表 28-6　X!=Y 的真值表

X != Y	结果
1 != 0	True
1 != 1	False
0 != 1	True
0 != 0	False

然后是X == Y，如表28-7所示：

表 28-7　X==Y 的真值表

X == Y	结果
1 == 0	False
1 == 1	True
0 == 1	False
0 == 0	True

现在将这些表格抄在小卡片上，再花一个星期的时间慢慢记住它们。记住，每天在尽力的基础上多花一点儿工夫。

■ 常见问题

可以直接学习布尔代数，而不背这些内容吗？

当然可以，不过这样一来，当你在写代码时，就需要不断回忆布尔代数的规则，这样写代码的速度也会变慢。如果你记住了上面这些表格，不但可以锻炼自己的记忆力，还能让这些应用变成条件反射，理解起来也更容易。当然，你可以选择适合自己的方法。

习题 29 布尔表达式练习

我们在习题 28 中学到的逻辑组合有一个正式名称：“布尔逻辑表达式”（Boolean Logic Expression）。在编程中，布尔逻辑几乎无处不在。它们是计算机编程的基础组成部分，掌握它们就像音乐家掌握音阶一样重要。

在本节习题中，我们将尝试使用习题 28 中学到的逻辑表达式。对于每一个逻辑问题，写下你认为正确的答案。在每种情况下，答案将是 True 或 False。当你写下答案后，打开终端启动 Python，输入每个逻辑问题以确认你的答案：

```
1  True and True
2  False and True
3  1 == 1 and 2 == 1
4  "test" == "test"
5  1 == 1 or 2 != 1
6  True and 1 == 1
7  False and 0 != 0
8  True or 1 == 1
9  "test" == "testing"
10 1 != 0 and 2 == 1
11 "test" != "testing"
12 "test" == 1
13 not(True and False)
14 not(1 == 1 and 0 != 1)
15 not(10 == 1 or 1000 == 1000)
16 not(1 != 10 or 3 == 4)
17 not("testing" == "testing" and "Zed" == "Cool Guy")
18 1 == 1 and (not("testing" == 1 or 1 == 0))
19 "chunky" == "bacon" and (not(3 == 4 or 3 == 3))
20 3 != 3 and (not("testing" == "testing" or "Python" == "Fun"))
```

现在教大家一种厘清复杂逻辑的技巧。

所有的布尔逻辑表达式，都可以通过以下简单的流程得出结果：

（1）找到相等判断的部分（== 或 !=），将其改写为它们的最终值（True 或 False）。

（2）找到括号中的 and 或 or，计算出它们的值。

（3）找到每一个 not，计算出它们取反后的值。

（4）找到剩下的 and 或 or，计算出它们的值。

（5）以上都做完之后，剩下的结果应该就是 True 或 False 了。

举个例子：

```
1  3 != 4 and not ("testing" != "test" or "Python" == "Python")
```

我们将逐步分解，展示其简化为单一结果的过程：

（1）先解决每个相等测试：

- 3 != 4 的结果是 True，将其替换为 True，得到：True and not ("testing" != "test" or "Python" == "Python")。
- "testing" != "test" 的结果是 True，将其替换为 True，得到：True and not (True or "Python" == "Python")。
- "Python" == "Python" 的结果是 True，将其替换为 True，得到：True and not (True or True)。

（2）查找每个括号中的 and 或 or：

- (True or True) 的结果是 True，将其替换为 True，得到：True and not (True)。

（3）查找每个 not 并进行反转：

- not(True) 的结果是 False，将其替换为 False 得到：True and False。

（4）解决任何剩余的 and 或 or：

- True and False 的结果是 False，这就是答案。

通过这些简单的步骤，我们顺利完成了整个过程，并得出了结果 False。

复杂的问题一开始可能看起来非常困难，但我们应该按步骤逐步解决它们，不要气馁。本书将为你准备更多类似的“逻辑体操”，这些练习将帮助你在以后学习更高级内容时打下坚实的基础。坚持下去，并记录下你出错的地方，但不要担心自己还没有完全掌握——这些知识最终都会融入你的脑海中。

■运行结果

完成上述猜测后，你的 Jupyter 单元格看起来应该是这样的：

```
1  >>> True and True
2  True
3  >>> 1 == 1 and 2 == 2
4  True
```

■温故知新

（1）Python 里还有很多类似 != 和 == 的操作符，试着尽可能多地列出 Python 中的“相等运算符”，如 < 或 <=。

（2）写出每一个“相等运算符”的名称，如 != 叫作“不等于”。

（3）在 Python 中测试新的布尔运算符，在按 Enter 键之前，先猜出它的结果。不要多想，凭第一感觉作答。将表达式和结果用笔写下来，然后再按 Enter 键，最后看看自己答对了多少，错了多少。

（4）将第 3 步中写的那张纸丢掉，以后你再也不需要查阅它了。

■ 常见问题

为什么 "test" and "test" 返回 "test"，1 and 1 返回 1，而不是返回 True 呢？

Python 和许多编程语言一样，在布尔表达式中返回的是两个被操作对象中的一个，而不是单纯的 True 或 False。这意味着，如果你写了 False and 1，得到的是第一个操作数（False），而不是第二个操作数（1）；但如果你写的是 True and 1，得到的则是第二个操作数（1）。多做几次测试，你会更好地理解这一点（短路逻辑）。

!= 和 <> 有什么不同？

在 Python 中，!= 是主流用法，而 <> 已经被逐渐废弃，因此我们应该使用前者。除此之外，它们没有其他区别。

第一个问题讲的是短路逻辑？

是的。任何以 False 开头的 and 语句都会直接返回 False，而不会继续检查后面的语句；而任何包含 True 的 or 语句，只要遇到 True，就会直接返回 True，不会再继续计算。不过，你仍然应该确保自己理解整个语句的逻辑，因为这对以后的编程非常有帮助。

习题 30 if 是什么

下面是我们要输入的脚本，它将介绍 if 语句的用法。输入这段代码，让它能够正确运行，然后看看你能从中学到什么。

代码 30.1: ex30.py

```
1  people = 20
2  cats = 30
3  dogs = 15
4
5
6  if people < cats:
7      print("Too many cats! The world is doomed!")
8
9  if people > cats:
10     print("Not many cats! The world is saved!")
11
12 if people < dogs:
13     print("The world is drooled on!")
14
15 if people > dogs:
16     print("The world is dry!")
17
18
19 dogs += 5
20
21 if people >= dogs:
22     print("People are greater than or equal to dogs.")
23
24 if people <= dogs:
25     print("People are less than or equal to dogs.")
26
27 if people == dogs:
28     print("People are dogs.")
```

■ 运行结果

```
1  Too many cats! The world is doomed!
2  The world is dry!
```

```
3  People are greater than or equal to dogs.
4  People are less than or equal to dogs.
5  People are dogs
```

■ 使用 dis()

在接下来的几个习题中，我们可以在学习新知识的同时，通过 dis() 深入了解它们的工作原理：

```
1  from dis import dis
2
3  dis('''
4  if people < cats:
5  print("Too many cats! The world is doomed!")
6  ''')
```

这并不是在编程时必须做的事情，这里只是希望提供一种可能的方式，帮助你更好地理解代码的运行机制。如果 dis() 对你理解代码没有起到太大帮助，那么你可以随意尝试，或者干脆忽略它。

■ 温故知新

猜猜 if 语句是什么，它有什么用处？在做下一节习题之前，试着用自己的话回答以下问题。

（1）你认为 if 对它下一行的代码做了什么？

（2）为什么 if 语句的下一行需要 4 个空格的缩进？

（3）如果去掉缩进，会发生什么？

（4）将习题 28 中的其他布尔表达式放到 if 语句中，看看是否也可以运行。

（5）如果更改 people、cats 和 dogs 的初始值，看看会发生什么。

■ 常见问题

+= 是什么意思？

x += 1 和 x = x + 1 是等价的，只不过少敲了几个字母。你可以把它称为“递增”运算符。我们后面还会学到 -= 以及其他类似的表达式。

习题 31 else 和 if

在习题 30 中，我们编写了一些 if 语句，并尝试猜测它们的作用和工作原理。在继续学习之前，我将通过回答习题 30“温故知新”中的问题，来解释每部分的含义。你已经完成了习题 30 中的“温故知新”部分，对吧？

（1）你认为 if 对它的下一行代码做了什么？

答：if 语句为代码创建了一个“分支”，类似于 RPG 游戏中的支线任务。if 语句告诉你的脚本，“如果这个布尔表达式为真，就运行接下来的代码；否则就跳过这一段代码”。

（2）为什么 if 语句的下一行需要 4 个空格的缩进？

答：行尾的冒号用于告诉 Python 接下来需要创建一个新的代码块，缩进则告诉 Python，这些代码都属于该代码块。这与我们之前创建函数时所做的完全相同。

（3）如果去掉缩进，会发生什么？

答：如果没有缩进，Python 会报错。在 Python 的规则中，只要一行以冒号（:）结尾，接下来的内容就必须缩进。

（4）将习题 28 中的其他布尔表达式放到 if 语句中，看看是否也可以运行。

答：可以，而且不论表达式多复杂都可以运行（不推荐写非常复杂的表达式，因为那是一种糟糕的编程风格）。

（5）如果把变量 people、cats 和 dogs 的初始值改掉，看看会发生什么事情。

答：由于比较的对象是数值，所以如果更改这些数值，某些 if 语句的结果可能会变成 True，从而运行其后的代码块。我们可以尝试修改这些数值，然后在脑海中推测哪一段代码将被执行。

将上面的答案与自己的答案对比一下，确保自己已经真正理解了“代码块”的概念。因为习题 32 将会学习 if 语句的完整部分，所以这个概念对于完成习题 32 至关重要。

输入下面这段代码，并让它运行起来。

代码 31.1: ex31.py

```
1  people = 30
2  cars = 40
3  trucks = 15
4
```

```
5
6 if cars > people:
7     print ("We should take the cars.")
8 elif cars < people:
9     print("We should not take the cars.")
10 else:
11     print("We can't decide.")
12
13 if trucks > cars:
14     print("That's too many trucks.")
15 elif trucks < cars:
16     print("Maybe we could take the trucks.")
17 else:
18     print("We still can't decide.")
19
20 if people > trucks:
21     print("Alright, let's just take the trucks.")
22 else:
23     print("Fine, let's stay home then.")
```

■ 运行结果

```
1 We should take the cars.
2 Maybe we could take the trucks.
3 Alright, let's just take the trucks.
```

■ 使用 dis()

我们现在到了一个使用 dis() 有点过于困难而难以深入探讨的阶段。为了继续前进，我们将专注于更直接的编程练习和概念理解。因此，这里我们只挑选一个小片段来研究：

```
1 from dis import dis
2
3 dis('''
4 if cars > people:
5     print("We should take the cars.")
6 elif cars < people:
7     print("We should not take the cars.")
8 else:
9     print("We can't decide.")
10 ''')
```

研究这个问题的最佳方法是将 Python 代码与 dis() 的输出并列放置，并尝试将 Python 代码行与它们的字节码相对应。如果能做到这一点，那么你将遥遥领先于许多甚至还不知道 Python 有 dis() 的程序员。

如果搞不明白，也不必担心。这一切都是为了尽可能地扩展你的知识，找到理解 Python 的新方法而已。

■ 温故知新

（1）猜想一下 elif 和 else 的功能。

（2）修改 cars、people 和 trucks 的值，然后追踪每一个 if 语句，看看最终会打印出什么。

（3）试着写一些复杂的布尔表达式，如 cars > people or trucks < cars。

（4）在每一行代码上方加上注释，说明这一行的作用。

■ 常见问题

如果多个 elif 代码块都是 True，Python 会如何处理呢？

Python 会从顶部开始，运行第一个为 True 的块，因此它只会运行第一个。

习题 32 做出决策

在本书的前半部分，我们主要进行了打印操作和函数调用，但一切都是线性进行的。也就是说，脚本从顶部开始逐行执行，直到结束。尽管你可以创建一个函数，并在稍后调用它，但整个过程仍然没有涉及真正的决策分支。现在我们引入了 if、else 和 elif，因此可以开始编写能够做出决策的脚本了。

在习题 31 中，我们编写了一组简单的提问测试。本节习题的脚本中，我们将向用户提问，并依据他们的答案来做出决策。请输入下面的脚本，然后多玩一会儿，弄清楚它的工作原理。

代码 32.1: ex32.py

```
 1  print("""You enter a dark room with two doors.
 2  Do you go through door #1 or door #2?""")
 3
 4  door = input("> ")
 5
 6  if door == "1":
 7      print("There's a giant bear here eating a cheese cake.")
 8      print("What do you do?")
 9      print("1. Take the cake.")
10      print("2. Scream at the bear.")
11
12      bear = input("> ")
13
14      if bear == "1":
15          print("The bear eats your face off. Good job!")
16      elif bear == "2":
17          print("The bear eats your leg off. Good job!")
18      else:
19          print(f"Well, doing {bear} is probably better.")
20          print("Bear runs away.")
21
22  elif door == "2":
23      print("You stare into the endless abyss at Cthulhu's retina.")
24      print("1. Blueberries.")
25      print("2. Yellow jacket clothespins.")
26      print("3. Understanding revolvers yelling melodies.")
27
```

```
28      insanity = input("> ")
29
30      if insanity == "1" or insanity == "2":
31          print("Your body survives powered by a mind of jello.")
32          print("Good job!")
33      else:
34          print("The insanity rots your eyes into a pool of muck.")
35          print("Good job!")
36
37  else:
38      print("You stumble around and fall on a knife and die. Good
    job!")
```

这里的一个关键点是，可以在if语句内再放一个if语句，作为可执行的代码。这是一个非常强大的特性，因为它允许创建嵌套的决策，一个分支可以引向另一个分支的子分支。

通过完成本节习题的“温故知新”部分，确保自己理解在if语句中嵌套if语句的概念。

■ 运行结果

这是我在玩的一个小冒险游戏，可惜我的水平不怎么样。

```
1 You enter a dark room with two doors.
2 Do you go through door #1 or door #2?
3 > 1
4 There's a giant bear here eating a cheese cake.
5 What do you do?
6 1. Take the cake.
7 2. Scream at the bear.
8 > 2
9 The bear eats your leg off. Good job!
```

■ 使用 dis()

这次我们没有对ex32.py脚本中的任何内容使用dis()，因为这段代码太复杂。不过，如果你喜欢挑战自己，可以尝试以下代码：

```
1 from dis import dis
2
3 dis('''
4 if door == "1":
```

```
 5     print("1")
 6     bear = input("> ")
 7     if bear == "1":
 8         print("bear 1")
 9     elif bear == "2":
10         print("bear 2")
11     else:
12         print("bear 3")
13 ''')
```

这会产生大量需要分析的代码，尽量去做。虽然一段时间后可能会变得有些无聊，但它有助于你理解 Python 的工作原理。如果这让你感到困惑，可以先跳过，稍后再试。

■ 温故知新

（1）为游戏添加新的内容，改变玩家做决策的位置。在游戏变得荒谬之前，尽可能地扩展它。

（2）如果你不喜欢这个游戏，那就编写一个全新的游戏吧。这是你的计算机，可以随心所欲地编写任何你想要的内容。

■ 常见问题

可以用多个 if-else 组合来替代 elif 吗？

有时可以，但这取决于 if-else 是如何编写的。这意味着 Python 会检查每一个 if-else 组合，而不像使用 if-elif-else 那样仅检查第一个为 True 的情况。尝试编写一些这样的组合，以弄清它们之间的区别。

如何判断一个数字是否在某个范围内？

有两种方法：使用 $0 < x < 10$ 或 $1 <= x < 10$，这是经典的表示法；或者使用 x in range(1, 10) 也可以。

如果我想在 if-elif-else 块中添加更多的选项应该怎么办？

针对每个可能的选项多写几个 elif 块即可。

习题 33 循环和列表

到现在为止，你应该能够编写一些更有趣的程序了。如果你一直在跟进，应该已经意识到，现在你可以将之前学到的所有内容与 if 语句和布尔表达式结合起来，使程序做出智能的操作。

然而，我们的程序还需要能够快速地执行重复的操作。在本节习题中，我们将使用 for 循环来创建和打印出各种列表。完成本节习题后，你将逐渐明白它们的工作原理。现在我不会直接告诉你答案，需要你自己去探索。

在使用 for 循环之前，我们需要一种容器来存储循环的结果。最好的方法就是使用列表（list），顾名思义，它是一个从头到尾按顺序存放内容的容器。列表并不复杂，你只需要学习一点儿新的语法。

首先，让我们看看列表是如何创建的：

```
1  hairs = ['brown', 'blond', 'red']
2  eyes = ['brown', 'blue', 'green']
3  weights = [1, 2, 3, 4]
```

我们所做的就是以左方括号（[）开始列表，然后写下你想要放入列表的内容，使用逗号（,）隔开，就像函数的参数，最后用右方括号（]）结束列表。然后，Python 将这个列表及其所有内容赋值给左侧的变量。

> 提示：对于没有编程经验的人来说，这里可能会有些挑战。我们的思维习惯往往倾向于简单、线性的理解方式。当你遇到像习题 32 中嵌套的 if 语句时，可能会感到困惑，因为大多数人不习惯思考如何在一个结构内部“嵌套”另一个结构。然而，在编程中，嵌套结构非常普遍。你可能会看到一个函数调用了另一个函数，而这个函数内部可能包含 if 语句，这些 if 语句中又可能包含列表。如果遇到这样的结构并觉得难以理解，不妨拿出纸和笔，逐步手动分解，直到你完全理解为止。

现在我们将使用循环创建一些列表，然后将它们打印出来。

代码 33.1: ex33.py

```
1  the_count = [1, 2, 3, 4, 5]
2  fruits = ['apples', 'oranges', 'pears', 'apricots']
3  change = [1, 'pennies', 2, 'dimes', 3, 'quarters']
```

```
4
5 # 这是第一个 for 循环，遍历一个列表
6 for number in the_count:
7     print(f"This is count {number}")
8
9 # 同样地，遍历另一个列表
10 for fruit in fruits:
11     print(f"A fruit of type: {fruit}")
12
13 # 也可以遍历混合类型的列表
14 # 注意，必须使用 {}，因为我们不知道里面会有什么
15 for i in change:
16     print(f"I got {i}")
17
18 # 我们还可以从一个空列表开始创建列表
19 elements = []
20
21 # 然后使用 range() 函数生成从 0 到 5 的数字
22 for i in range(0, 6):
23     print(f"Adding {i} to the list.")
24     # append() 是一个将元素添加到列表末尾的函数
25     elements.append(i)
26
27 # 现在我们可以把它们打印出来
28 for i in elements:
29     print(f"Element was: {i}")
```

■ 运行结果

```
1 This is count 1
2 This is count 2
3 This is count 3
4 This is count 4
5 This is count 5
6 A fruit of type: apples
7 A fruit of type: oranges
8 A fruit of type: pears
9 A fruit of type: apricots
10 I got 1
11 I got pennies
12 I got 2
13 I got dimes
```

```
14  I got 3
15  I got quarters
16  Adding 0 to the list.
17  Adding 1 to the list.
18  Adding 2 to the list.
19  Adding 3 to the list.
20  Adding 4 to the list.
21  Adding 5 to the list.
22  Element was: 0
23  Element was: 1
24  Element was: 2
25  Element was: 3
26  Element was: 4
27  Element was: 5
```

■ 使用 dis()

这次让我们简化一下，看看 Python 是如何处理 for 循环的：

```
1  from dis import dis
2
3  dis('''
4  for number in the_count:
5      print(number)
6  ''')
```

这次我将生成的输出再展示一次，以便我们可以进行分析：

```
1  0 LOAD_NAME          0 (the_count)    # 获取 the_count 列表
2  2 GET_ITER                            # 开始迭代
3  4 FOR_ITER           6 (to 18)        # for-loop 跳转到 18
4  6 STORE_NAME         1 (number)       # 创建变量 number
5
6  8 LOAD_NAME          2 (print)        # 加载 print()
7  10 LOAD_NAME         1 (number)       # 加载 number
8  12 CALL_FUNCTION     1                # 调用 print()
9  14 POP_TOP                            # 清理堆栈
10 16 JUMP_ABSOLUTE     2 (to 4).        # 跳回 4 处的 FOR_ITER
11
12 18 LOAD_CONST        0 (None).        # 当 FOR_ITER 停止时跳转到此处
13 20 RETURN_VALUE
```

这里我们看到一个新的操作 FOR_ITER，这个操作通过以下步骤实现 for 循环：

（1）调用 the_count.__next__()。

（2）如果 the_count 中没有更多元素，跳转到指令 18。

（3）如果还有元素，则继续执行。

（4）STORE_NAME 将 the_count.__next__() 的结果赋值给名为 number 的变量。

这就是 for 循环的实际执行过程：它主要依靠单一的字节码 FOR_ITER，结合一些其他指令来遍历列表。

■ 温故知新

（1）查阅一下 range() 函数的用法，并尝试理解它（中文文档请参考 https://fishc.com.cn/thread-163478-1-1.html）。

（2）在第 22 行，可以直接将 elements 赋值为 range(0, 6)，而无须使用 for 循环。

（3）在 Python 文档中找到关于列表的内容，仔细阅读一下，除了 append() 以外，还可以对列表进行哪些操作？

■ 常见问题

如何创建二维列表？

二维列表就是在列表中包含列表，例如 [[1, 2, 3], [4, 5, 6]]。

列表和数组不一样吗？

这取决于语言和实现方式。从经典意义上理解，列表和数组是不同的，因为它们的实现方式不同。在 Ruby 语言中，列表和数组都叫数组，而在 Python 中，它们都叫列表。以后我们就统一称它们为列表，因为在 Python 中就是这么叫的。

为什么 for 循环可以使用未定义的变量？

当 for 循环开始时，这个变量就被定义了，并且每次循环时，它都会被重新初始化为当前循环中的元素值。

为什么 for i in range(1, 3): 只循环 2 次而不是 3 次？

range(1, 3) 函数会从 1 数到 3，但不包含 3。所以，它在到 2 的时候就停止了，而不会到 3。这种“前闭后开”的方式是循环中极其常见的一种用法。

elements.append() 的作用是什么？

它的功能是在列表的末尾追加元素。你可以打开 Python 命令行，创建几个列表试验一下。以后每次遇到自己不明白的东西，都可以在 Python Shell 的交互模式中进行验证。

习题 34 while 循环

现在我们要介绍一个新的循环结构——while 循环，这将彻底改变你的认知。while 循环会在布尔表达式为 True 时，反复执行其下方的代码块。

等等，你还记得代码块的概念吗？如果某一行以冒号（:）结尾，意味着接下来的内容是一个新的代码块，代码块需要通过缩进来表示。只有这样，Python 才能理解你的意图。如果这一点还不太清楚，建议回头复习一下 if 语句、函数和 for 循环的内容，直到完全掌握。

接下来的习题将训练你的大脑去熟悉这些结构，这与之前让你“死记硬背”布尔表达式的过程有些类似。

回到 while 循环，它的作用与 if 语句类似，都是用来检查一个布尔表达式的真假。不过，while 循环的不同之处在于，它不会在执行一次代码块后停止，而是会重复执行：每次执行完代码块后，跳回到 while 的顶部，再次检查布尔表达式的真假，如此反复，直到表达式的结果为 False。

while 循环的一个问题在于：有时候它是不会停止的。如果你的目的是让循环一直运行到宇宙的尽头，那很好。否则，我们几乎总是希望循环在某个时刻结束。

为了避免无限循环的问题，我们需要遵循以下几点规则：

（1）尽量少用 while 循环，大部分情况下，for 循环是更好的选择。

（2）反复检查你的 while 语句，确保测试的布尔表达式最终会变成 False。

（3）如果不确定，可以在 while 循环的开始和结尾处打印出你要测试的值，观察它的变化。

在本节习题中，我们将通过学习这三点规则来进一步掌握 while 循环。

代码 34.1: ex34.py

```
1  i = 0
2  numbers = []
3
4  while i < 6:
5      print(f'At the top is {i}')
6      numbers.append(i)
7
8      i = i + 1
9      print('Numbers now:', numbers)
10     print(f'At the bottom i is {i}')
```

```
11
12     print('The numbers:')
13
14 for num in numbers:
15     print(num)
```

■ 运行结果

```
 1 At the top is 0
 2 Numbers now: [0]
 3 At the bottom i is 1
 4 The numbers:
 5 At the top is 1
 6 Numbers now: [0, 1]
 7 At the bottom i is 2
 8 The numbers:
 9 At the top is 2
10 Numbers now: [0, 1, 2]
11 At the bottom i is 3
12 The numbers:
13 At the top is 3
14 Numbers now: [0, 1, 2, 3]
15 At the bottom i is 4
16 The numbers:
17 At the top is 4
18 Numbers now: [0, 1, 2, 3, 4]
19 At the bottom i is 5
20 The numbers:
21 At the top is 5
22 Numbers now: [0, 1, 2, 3, 4, 5]
23 At the bottom i is 6
24 The numbers:
25 0
26 1
27 2
28 3
29 4
30 5
```

■ 使用 dis()

在前面“代码游戏”的最后一个“副本任务”中，我们提到可以通过 dis() 来研究字节码，从而分析代码如何工作。

```
1 from dis import dis
2
3 dis('''
4 i=0
5 while i < 6:
6     i = i + 1
7 ''')
```

之前我们已经了解了大部分的字节码，这次由你自己来弄清楚 dis() 的输出与 Python 代码之间的联系。你可以在 dis() 文档的末尾找到所有字节码的具体含义（中文文档请参考 https://fishc.com.cn/thread-243804-1-1.html），祝你好运！

■ 温故知新

（1）将 while 循环改成一个函数，并将测试条件（i < 6）中的 6 换成一个变量。

（2）使用函数重写你的脚本，并用不同的数值进行测试。

（3）为函数添加另外一个参数，用来定义第 8 行的 + 1，这样你就可以控制递增的幅度。

（4）用这个函数再次重写脚本，看看效果如何。

（5）使用 for 循环和 range() 来重写这个脚本，还需要中间的递增操作吗？如果不去掉递增操作，会有什么结果？

程序可能会陷入无限循环，这时你只需要按 Ctrl + C 快捷键，程序就会被强制中止。

■ 常见问题

for 循环和 while 循环有什么区别？

for 循环用于遍历容器中的元素，而 while 循环可以对任何对象进行迭代。while 循环更难掌握，而且通常情况下，for 循环可以完成许多 while 循环的任务。

感觉循环很难理解，我该如何深入掌握它们？

人们不理解循环的主要原因是无法跟踪代码的“跳转”。当循环运行时，它会遍历代码块，并在结束时跳回顶部。为了形象化这一过程，可以在循环的各个位置放置打印语句，打印出 Python 在循环中所处的位置以及变量在那些点上的值。在循环之前、循环顶部、循环中间和循环底部分别设置打印语句，然后研究它们的输出，尝试理解其中的跳转过程。

习题 35 分支和函数

我们已经学会了 if 语句、函数以及列表。现在是时候让大脑稍微转变一下思维方式了。输入下面的代码，看看你是否能理解它在做什么。

代码 35.1: ex35.py

```
1  from sys import exit
2
3  def gold_room():
4      print('This room is full of gold. How much do you take?')
5
6      choice = input('> ')
7      if '0' in choice or '1' in choice:
8          how_much = int(choice)
9      else:
10         dead('Man, learn to type a number.')
11
12     if how_much < 50:
13         print("Nice, you're not greedy, you win!")
14         exit(0)
15     else:
16         dead("You greedy bastard!")
17
18
19 def bear_room():
20     print("There is a bear here.")
21     print("The bear has a bunch of honey.")
22     print("The fat bear is in front of another door.")
23     print("How are you going to move the bear?")
24     bear_moved = False
25
26     while True:
27         choice = input('> ')
28
29         if choice == "take honey":
30             dead("The bear looks at you then slaps your face off.")
31         elif choice == "taunt bear" and not bear_moved:
32             print('The bear has moved from the door.')
33             print('You can go through it now.')
```

```
34                  bear_moved = True
35              elif choice =='taunt bear' and bear_moved:
36                  dead('The bear gets pissed off and chews your leg off.')
37              elif choice =='open door' and bear_moved:
38                  gold_room()
39              else:
40                  print('I got no idea what that means.')
41
42
43  def cthulhu_room():
44      print('Here you see the great evil Cthulhu.')
45      print('He, it, whatever stares at you and you go insane.')
46      print('Do you flee for your life or eat your head?')
47
48      choice = input('> ')
49
50      if 'flee' in choice:
51          start()
52      elif 'head' in choice:
53          dead('Well that was tasty!')
54      else:
55          cthulhu_room()
56
57
58  def dead(why):
59      print(why, 'Good job!')
60      exit(0)
61
62  def start():
63      print('You are in a dark room.')
64      print('There is a door to your right and left.')
65      print('Which one do you take?')
66
67      choice = input('> ')
68
69      if choice =='left':
70          bear_room()
71      elif choice =='right':
72          cthulhu_room()
73      else:
74          dead('You stumble around the room until you starve.')
75
```

```
76
77  start()
```

运行结果

下面是我玩这个游戏的过程：

```
1  You are in a dark room.
2  There is a door to your right and left.
3  Which one do you take?
4  > leftThere is a bear here.
5  The bear has a bunch of honey.
6  The fat bear is in front of another door.
7  How are you going to move the bear?
8  > taunt bearThe bear has moved from the door.
9   You can go through it now.
10 > open doorThis room is full of gold.  How much do you take?
11 > 1000
12 You greedy bastard! Good job!
```

温故知新

（1）绘制出该游戏的逻辑图，并描述你在游戏中的流程。

（2）改正所有错误，包括拼写错误。

（3）为不理解的函数写注释。

（4）为游戏添加更多元素，并思考如何简化和扩展游戏的功能。

（5）这个 gold_room 游戏使用了一种奇怪的方式让用户输入一个数值，这种方式可能会引发什么样的 bug ？你能改善它吗？看看 int() 是如何工作的，从中找些线索。

常见问题

救命！这个程序到底是怎么工作的？！

当你在理解某段代码时遇到困难，只需在每行代码上方写一条简短的注释，向自己解释这一行的功能。注释完后，可以画一个工作原理的示意图，或者写一段文字描述一下。这样你就能真正理解了。

为什么你写了 while True ？

这样可以创建一个无限循环。

exit(0) 的作用是什么？

在许多操作系统上，程序可以通过 exit(0) 来终止程序，传递的数字参数用于指示是否有错误发生。exit(0) 表示正常退出，而 exit(1) 表示程序遇到错误并退出。尽管在布尔逻辑中 0 通常表示 False，但在这个上下文中，0 表示程序成功结束。你也可以使用不同的数字如 exit(100)，来指示与 exit(2) 或 exit(1) 不同的错误状态。

为什么 input() 有时写成 input('>')？

input() 的参数是一个字符串，它会在提示用户输入之前显示出来，作为提示符。例如，写成 input('>') 时，> 就会在等待用户输入时显示在屏幕上，引导用户进行操作。

习题 36 设计和调试

现在我们已经学会了 if 语句，接下来将整理一些使用 for 循环和 while 循环的规则，帮助你避免日后可能遇到的麻烦。同时，我还会教你一些调试的小技巧，以便发现并解决程序中的问题。最后，我们将设计一个类似于习题 35 中的小游戏，但会有一些变化。

■ 从想法到可工作的代码

将想法转化为代码，可以遵循一个简单的过程。虽然这并不是唯一的方法，但对于许多人来说，它是有效的。在你形成自己的编程习惯之前，可以尝试以下步骤。

（1）将你的想法以任何你能理解的方式表达出来。如果你是作家，可以将想法写成一篇文章；如果你是艺术家或设计师，可以绘制出用户界面；如果你喜欢图表，可以参考序列图，它是编程中非常有用的工具。

（2）为你的代码创建一个文件。是的，这是一个非常重要的步骤，但许多人却常常忽略了这一步。如果你想不出名字，随便起一个也无妨，关键在于迈出第一步！

（3）用简单的语言将你的想法以注释的形式写下来。

（4）从顶部开始，将第一个注释转换成“伪代码”，这有点像 Python 代码，但不用考虑语法。

（5）将“伪代码”转换成真正的 Python 代码，并不断运行你的文件，直到这段代码实现注释所描述的功能。

（6）重复这个过程，直到所有注释都被转换成 Python 代码。

（7）后退一步，审视你的代码，然后删除它。虽然不必每次都这么做，但如果你养成了舍弃第一版代码的习惯，将会获得两个好处：

a. 第二版代码几乎总是比第一版更好。

b. 这样做不仅能证明你真正掌握了编程，而不仅仅是偶然成功，还能帮助你克服“冒名顶替综合征”，并增强你的自信心。（译者注：患有冒名顶替综合征的人无法将自己的成功归因于自己的能力，并总是担心有朝一日会被他人识破自己其实是骗子这件事。他们坚信自己的成功并非源于自己的努力或能力，而是凭借运气、良好的时机，或别人误以为他们能力很强、很聪明，才导致他们的成功）。

现在让我们举一个简单的例子——创建一个简单的华氏度到摄氏度的转换器。

第一步，写下我们所知道的转换公式。

摄氏度 C 等于（华氏度 F - 32）/ 1.8。我们需要询问用户输入华氏度 F，然后计算并打印出相应的摄氏度 C。这个问题通过一个非常简单的数学公式就可以解决。

第二步，写下注释，描述我们的代码应该做什么。

```
1 # 向用户询问华氏度 F
2 # 使用 float() 将其转换为浮点数
3 # C = (F - 32) / 1.8
4 # 将 C 的值打印出来
```

一旦有了这些注释，我们就可以开始使用伪代码“填补空白”。下面只做第一行，其他行由你来完成：

```
1 # 向用户询问华氏度 F
2 F = input(?)
3
4 # 使用 float() 将其转换为浮点数
5 # C = (F - 32) / 1.8
6 # 将 C 的值打印出来
```

注意，这里故意不注重语法，这正是伪代码的意义所在。一旦有了这些伪代码，就可以将其转换为正确的 Python 代码：

```
1 # 向用户询问华氏度 F
2 F = input("C? ")
3
4 # 使用 float() 将其转换为浮点数
5 # C = (F - 32) / 1.8
6 # 将 C 的值打印出来
```

运行代码！建议你每编写几行代码后重新运行程序。如果一次写入太多代码并遇到错误，建议删除部分代码并重新开始，这样会更容易解决问题。

一旦完成了这些步骤，继续处理下一个注释，重复这个过程，直到所有注释都被转换为 Python 代码。当脚本最终能够正常运行后，可以尝试删除代码并重新编写。也许这次你会直接编写 Python 代码，或者再重复一遍整个流程。这样做可以证明你真正掌握了这些内容，而不仅仅是偶然成功。

■ 这个流程够专业吗

有人可能认为这个流程不够专业或不切实际。我认为，当你是新手时，所需的工具和那些编程多年的专业人士不同。我（作者）的编程经验可能比你的年龄还长，所以我可以在有了想法后直接开始编码。然而，在我的头脑中，本质上还是遵循了上述流程。只是我能够在脑海中快速演练，而你需要实实在在地操作一遍，直到你也能内化这个过程。

当我遇到困难，或者学习一门新语言时，确实会使用这个方法。如果我不熟悉一种语言，但知道自己想要实现什么，通常会先写注释，再慢慢将其转换为代码。这也是我自学新语言时的常用流程。我们唯一的区别是，我可以更快完成这个过程，因为多年的实践让我熟练掌握了这一方法。

■ 关于"X/Y"非问题

有些专业人士批评一种被称为"X/Y 问题"的现象。他们将其描述为："某人想做 X，但只知道怎么做 Y，所以他们求助如何做 Y。"这些专业人士认为这种提问方式有问题，因为他们觉得提问者应该直接询问如何实现 X。

然而，这种批评并没有提供解决问题的方法，只是在责备那些正在学习编程的人。批评者的潜台词是："你应该已经知道答案。"但如果提问者知道如何做 X，他们就不会去问关于 Y 的问题了。这种观点实际上是虚伪的，因为那些批评这种问题的人，在学习编程时也曾问过类似的问题。

另一个问题是，他们常常责怪你没有理解糟糕的文档。经典的例子来自 X/Y 问题的原始描述：

```
1  <n00b> How can I echo the last three characters in a filename?
2
3  <feline> If they're in a variable:  echo ${foo: -3}
4  <feline> Why 3 characters?  What do you REALLY want?
5  <feline> Do you want the extension?
6
7  <n00b> Yes.
8
9  <feline> Then ASK FOR WHAT YOU WANT!
10 <feline> There's no guarantee that every filename will
11  have a three-letter extension,
12 <feline> so blindly grabbing three characters does not
13  solve the problem.
```

```
14  <feline> echo ${foo##*.}
```

首先，这个自称“feline”的人在一个专门用来解答问题的 IRC 频道里，大喊大叫地责备别人提问“问你真正想问的问题”。其次，他们提供的解决方案复杂到连我一个有几十年 bash 和 Linux 经验的专业人士都难以记住。这是 bash 中最烦琐且最不好用的功能之一。怎么能指望一个初学者提前了解并使用像“美元符号、花括号、双井号、星号、点号、花括号”（${foo##*.}）这样的操作呢？如果网上有简单明了的文档解释如何处理这个问题，提问者可能就不会问出这个问题了。更理想的情况是，bash 本身应该提供一个简单的基础功能来处理这个每个人都会遇到的常见需求。

总的来说，“X/Y 问题”其实只是责备初学者的借口。那些声称讨厌这种问题的人，要么根本不写代码，要么在学习编程时也问过类似的问题。这就是学习编程的过程：你会遇到问题，然后一步步学习如何解决它们。所以，如果你遇到像“feline”这样的人，直接忽略他们即可。他们只是借机发泄怒气，并通过这种方式让自己感觉优越罢了。

此外，在之前的互动中，没有任何人要求查看代码。如果“n00b”直接展示了他们的代码，那么“feline”可能就会推荐一个更好的解决方案，问题也就解决了。当然，前提是“feline”真的会编程，而不仅仅是在 IRC 里对毫无防备的初学者发难。

■ if 语句的规则

（1）每一条 if 语句都需要包含一个 else。

（2）如果这个 else 永远不会被执行到，那么你必须在 else 语句后面使用一个 die() 的函数，让它打印出错误消息并终止程序，正如我们在前一个习题中做的那样，这样做可以帮助你发现许多潜在错误。

（3）规则 #1 和 #2 的例外情况是在任何 for 循环或类似的循环中，这些循环是用于遍历列表中的项，或者在列表推导式中。无论如何，建议先添加 else，如果实在没有意义再将其移除。

（4）尽量不要嵌套超过两层的 if 语句，使结构尽可能简单。

（5）将 if 语句视为段落，每个 if-elif-else 组合就像段落中的句子，前后应添加空行以增强可读性。

（6）布尔测试应简洁明了。如果逻辑较复杂，可以将其计算过程提取到前面的代码部分，并为变量取一个易于理解的名字。

遵循这些简单的规则，你的代码质量将优于大多数程序员。回到习题 35，检查自己是否遵循了这些规则。如果没有，请进行修正。

提示：在日常编程中，不要拘泥于这些规则。在训练中，它们有助于巩固所学知识，但在实际编程中，这些规则有时显得过于僵化。如果你觉得某个规则在特定情况下不适用，就灵活处理。

■ 循环的规则

（1）仅在需要无限循环时使用 while 循环，这意味着几乎不要使用它。这仅适用于 Python；其他语言可能有所不同。

（2）对于所有其他类型的循环，尤其有固定或有限数量的循环项时，使用 for 循环。

■ 调试的小技巧

（1）不要依赖“调试器”。调试器就像对一个病人做全身扫描，你得不到任何具体的有用信息，反而会发现一大堆无用且令人困惑的东西。

（2）调试程序的最佳方法是使用 print() 在程序的各个关键位置打印变量的值，以观察问题出在哪里。

（3）在编写程序时，确保每部分代码在编写时都能正常工作，不要在尝试运行之前编写大量代码。写几行代码就运行一下，及时发现问题并修正。

■ 家庭作业

编写一个与习题 35 类似的游戏，可以是任何类型的游戏，但要保持相似的风格。花一周时间让它尽可能有趣。作为巩固练习，可以尽可能多地使用列表、函数及模块，并尝试使用一些新的 Python 特性来让游戏运行起来。

在开始编码之前，先设计游戏的地图。确定玩家会遇到的房间、怪物及陷阱等环节。

一旦设计好地图，就可以开始编写代码了。如果发现地图有问题，可以调整地图，让代码和地图相匹配。

开发软件最好的方法就是将任务分解为小块来完成：

（1）在纸上或索引卡上列出需要完成的任务，这就是你的待办事项清单。

（2）从中挑选出最简单的任务开始实施。

（3）在源代码文件中写下注释，作为完成该任务的指南。

（4）在注释下面写一些代码。

（5）快速运行代码，看看它是否正常工作。

（6）“编写代码，运行代码，修正代码”，如此往复，直到它可以正常工作。

（7）从任务列表中画掉已完成的任务，挑出下一个你认为最简单的任务，重复上述步骤。

这个过程将帮助你以有条不紊和一致的方式来开发软件。工作时，可以通过删除不需要的任务和添加新任务来更新你的待办事项清单。

习题 37 符号复习

现在是时候复习我们学过的 Python 符号和关键字了，并尝试在本节习题中学习一些新的内容。本节将列出所有需要重点掌握的 Python 符号和关键字。

在本节习题中，我们需要复习每一个关键字。首先，试着凭记忆写出它的作用，然后在网上搜索验证其实际用途。尽管其中一些词可能不太容易搜索到，但请尽量尝试。

如果你发现自己记忆中的内容有误，可以在索引卡片上写下正确的定义，并努力纠正自己的记忆。

最后，使用这些关键字编写一个小的 Python 程序，尽可能多地应用它们。我们的目标是熟悉每个符号的作用，确保正确理解。如果发现错误，就纠正它，通过实际使用来巩固记忆。

■ 关键字

Python 关键字如表 37-1 所示。

表 37-1 Python 关键字

关键字	描述	示例
and	逻辑与	True and False == False
as	with 语句的一部分	with X as Y: pass
assert	断言（确保）某个条件为真	assert False,"Error!"
break	立即停止循环	while True: break
class	定义类	class Person(object)
continue	停止当前循环的后续步骤，并进入下一轮循环	while True: continue
def	定义函数	def X(): pass
del	从字典中删除元素	del X[Y]
elif	else if 条件	if: X; elif: Y; else: J
else	else 条件	if: X; elif: Y; else: J
except	如果发生异常，执行此处代码	except ValueError as e: print(e)
exec	将字符串作为 Python 脚本运行	exec('print("hello")')
finally	不管是否发生异常，都运行此处代码	finally: pass

续表

关键字	描述	示例
for	针对容器执行循环	for X in Y: pass
from	从模块中导入特定部分	from x import Y
global	声明全局变量	global X
if	if 条件	if: X; elif: Y; else: J
import	导入模块以供使用	import os
in	for 循环的一部分 也可以检测 X 是否在 Y 中	for X in Y: pass 1 in [1] == True
is	类似于 ==，判断两个对象是否相同	1 is 1 == True
lambda	创建一个匿名函数	s = lambda y: y ** y; s(3)
not	逻辑非	not True == False
or	逻辑或	True or False == True
pass	表示空代码块	def empty(): pass
print	打印字符串	print('this string')
raise	抛出异常	raise ValueError("No")
return	返回值并退出函数	def X(): return Y
try	尝试执行代码，若出错转到 except	try: pass
while	while 循环	while X: pass
with	将表达式作为变量，然后执行代码块	with X as Y: pass
yield	暂停函数，返回到调用函数的代码中	def X(): yield Y; X().next()

■ 数据类型

如表 37-2 所示，针对每种数据类型，列举一些示例。例如，针对字符串，可以列举如何创建字符串；针对数字，可以列举一些数值。

表 37-2　Python 的数据类型

类型	描述	示例
True	布尔值“真”	True or False == True
False	布尔值“假”	False and True == False
None	表示“不存在”或者“没有值”	x = None
bytes	字节序列，可能是文本、PNG 图片、文件等	x = b'hello'
strings	字符串	x ='hello'

续表

类型	描述	示例
numbers	整数	i = 100
floats	浮点数	i = 10.389
lists	列表	j = [1,2,3,4]
dicts	键—值映射	e = {'x': 1, 'y' : 2}

■ 字符串转义序列

如表 37-3 所示，对于字符串转义序列，确保自己清楚地知道它们的功能。

表 37-3　字符串转义序列

转义符	描述
\\	反斜线
\'	单引号
\"	双引号
\a	响铃
\b	退格符
\f	换页符
\n	换行符
\r	回车
\t	制表符
\v	垂直制表符

■ 传统字符串格式

如表 37-4 所示，字符串格式也是如此。

表 37-4　字符串格式

转义符	描述	示例
%d	十进制整数（非浮点数）	"%d" % 45 == '45'
%i	和 %d 一样	"%i" % 45 == '45'
%o	八进制数	"%o" % 1000 == '1750'
%u	无符号整数	"%u" % - 1000 == '-1000'

续表

转义符	描述	示例
%x	小写十六进制数	"%x" % 1000 == '3e8'
%X	大写十六进制数	"%X" % 1000 == '3E8'
%e	指数表示，小写 e	"%e" % 1000 == '1.000000e+03'
%E	指数表示，大写 E	"%E" % 1000 == '1.000000E+03'
%f	浮点数	"%f" % 10.34 == '10.340000'
%F	和 %f 一样	"%F" % 10.34 == '10.340000'
%g	在 %f 和 %e 中选择较短的那一个	"%g" % 10.34 == '10.34'
%G	和 %g 一样，但是字母是大写	"%G" % 10.34 == '10.34'
%c	字符格式	"%c" % 34 == '"'
%r	Repr 格式（调试格式）	"%r" % int == "<type 'int'>"
%s	字符串格式	"%s there" % 'hi' == 'hi there'
%%	百分号自身	"%g%%" % 10.34 == '10.34%'

■运算符

有些运算符你可能还不太熟悉，请逐个研究它们的功能，如表 37-5 所示。对于不懂的，请记下来以便日后解决。

表 37-5　运算符

运算符	描述	示例
+	加	2 + 4 == 6
-	减	2 - 4 == - 2
*	乘	2 * 4 == 8
**	幂	2 ** 4 == 16
/	除	2 / 4 == 0.5
//	除后向下取整	2 // 4 == 0
%	字符串插值或求余数（取模）	2 % 4 == 2
<	小于	4 < 4 == False
>	大于	4 > 4 == False
<=	小于等于	4 <= 4 == True
>=	大于等于	4 >= 4 == True

续表

运算符	描述	示例
==	等于	4 == 5 == False
!=	不等于	4 != 5 == True
( )	圆括号	len('hi') == 2
[ ]	方括号	[1,3,4]
{ }	花括号	{'x': 5, 'y': 10}
@	修饰器	@classmethod
,	逗号	range(0, 10)
:	冒号	def X():
.	点号	self.x = 10
=	赋值号	x = 10
;	分号	print("hi"); print("there")
+=	相加并赋值	x = 1; x += 2
-=	相减并赋值	x = 1; x -= 2
*=	相乘并赋值	x = 1; x *= 2
/=	相除并赋值	x = 1; x /= 2
//=	相除后向下取整并赋值	x = 1; x //= 2
%=	求余后赋值	x = 1; x %= 2
**=	求幂后赋值	x = 1; x **= 2

花大约一周的时间来完成这项任务，但如果你能更快完成，那更好。关键是尽量覆盖所有这些符号，并将它们牢牢记在脑海中。

■ 阅读代码

现在，开始找一些 Python 代码来阅读。你应该尽可能多地阅读 Python 代码，并从中学习。实际上，你已经掌握了足够的知识来阅读代码，但可能还不完全理解代码的作用。这一课的目的是教你如何运用所学知识来理解他人的代码。

首先，打印出你想学习的代码。是的，把它打印出来，因为你的眼睛和大脑更习惯阅读纸质材料而不是计算机屏幕。一次打印几页即可。

其次，浏览打印出来的代码并做好笔记，注意以下几个方面：

（1）函数及其功能。

（2）每个变量的初始赋值位置。

（3）观察程序的不同部分，是否存在同名变量，这些变量可能在以后引发问题。

（4）任何不包含 else 子句的 if 语句，它们是否正确？

（5）任何可能没有结束点的 while 循环。

（6）代码中任何你不理解的地方。

再次，通过注释的方式向自己解释代码的含义，包括各个函数的用途、变量的使用情况，以及任何其他有助于理解的内容。

最后，对于所有难以理解的部分，逐行、逐函数跟踪每个变量的值。你可以重新打印一份代码，并在页边空白处记录下需要“跟踪”的每个变量的值。

一旦你基本理解了代码的功能，回到计算机前再阅读一遍代码，看看是否能发现新的问题。然后继续寻找新的代码，用上述方法去阅读和理解，直到你不再需要纸质打印为止。

■ 温故知新

（1）研究一下什么是“流程图”（flow chart），并尝试自己绘制。

（2）如果在阅读代码时找出了错误，试着修正它们，并将修改内容反馈给代码的作者。

（3）不使用纸质打印时，可以使用注释符号（#）在程序中加入笔记。有时候，这些注释会对下一位阅读代码的人带来很大的帮助。

■ 常见问题

如何在网上搜索这些内容？

在要搜索的内容前面加上“python 3”即可，例如，你要搜索 yield，就输入“python 3 yield”。

习题 38 超越 Windows 的 Jupyter[①]

Jupyter 是一个非常适合交互式分析的优秀环境，它允许你加载、处理和细化数据，生成图表，添加文档，甚至编辑文件。对于大多数分析师来说，这几乎已经足够了，但 Jupyter 也存在一些限制。

（1）Jupyter Notebook 在分享和复用方面存在困难。尽管可以将 Notebook 分享给他人查看，或通过各种方式在线发布，但它不像 Python 模块那样，能够方便地被导入和集成到其他项目中。

（2）Jupyter Notebook 容易助长“复制粘贴代码”的行为。这意味着可以频繁在每个 Notebook 中重复粘贴常用代码，或是保留一个带有常规设置的模板 Notebook。虽然这种做法在一开始可能有效，但最终会变得低效，尤其在你发现一个 bug 时，必须在每个 Notebook 中修改所有复制粘贴的代码。将这些常用的“模板”代码放在一个可导入的模块中会更高效，也便于与他人共享代码。

（3）Jupyter notebook 不支持自动化测试。自动化测试可以确保代码在进行更改后仍能正常工作，并帮助其他使用该代码的人确认其功能。这在处理复杂且经常变化的数据时尤为重要，因为测试可以确保当你更新数据模型时，代码依然运行正常。

（4）98% 的程序员并不使用 Jupyter。如果你需要将分析交给其他程序员处理，就需要将其“正式化”为一个他们可以使用的 Python 项目。如果你能创建一个基本项目，放在他们喜欢的版本控制系统中，并编写一些文档，他们通常会帮助你改进代码。如果你只是在休假前丢给他们一个未命名的 Untitled.ipynb，可能会被抱怨，甚至被忽视，这取决于你的工作环境。

（5）将 Untitled.ipynb 转换为正式的 Python 项目还有一个好处：它能让你获得新的视角。很多时候，当你将其转换为另一种语言、平台或媒介时，原先看似完美的分析可能会暴露问题，或者你会发现更高效的实现方式。这类似于画家倒着看画来发现错误，或者音乐家在车里听他们的作品。视角的转变几乎总能让你找到改进程序的机会。

（6）学会不用 Jupyter 编写 Python 代码的最重要原因是获得独立性。我不会强加我的教育风格，因为我认为让学生依赖特定的产品、公司、语言或社区是不对的。我希望你能够在编程趋势变化时，轻松从一种技术转向另一种技术，因为

① 读者可以依据自己使用的操作系统是 Windows 还是 macOS/Linux 来决定阅读习题 38 或阅读习题 39，因此习题 38 和习题 39 存在部分重复内容。

这确实是一个快速变化的行业。今天，Python 和 Jupyter 可能是最流行的工具，而明天，大家可能都在追捧某个在短视频平台上被“网红”推荐的新技术。如果你想在这个行业中拥有长久的职业生涯，不应该依赖任何单一工具。要达到这种独立性，首先需要学会像程序员一样使用你的计算机。

这是否意味着你不应该使用 Jupyter？当然不是。Jupyter 在数据分析和编写代码方面表现都很出色。我希望你能够根据需要，灵活使用 Jupyter 和其他系统。为了实现这个目标，我需要先教会你如何使用命令行。

■ 为什么要学习 PowerShell

你知道吗？微软曾经降职了 PowerShell 的创建者。从 1990 年到 2010 年，微软极力反对任何没有图形用户界面的操作系统。他们投入了大量资金抹黑任何看起来像是通过文本控制计算机的方式，试图让人们远离 Linux。因此，当 PowerShell 推出时，微软的管理层认为这是一次破坏行为，因此降职了这位可怜的开发者。这也是为什么即使很多人认为 PowerShell 可能是完成任务的最佳工具，仍然避而不谈的原因之一。

图形系统在处理图形任务时非常出色，但当你需要执行大量重复操作或进行模式匹配时，它们往往显得力不从心。现在，打开一个资源管理器窗口，尝试列出所有以 ex 开头但以数字和 .py 结尾的文件。使用 PowerShell 来完成这一任务非常简单：

```
1  ls ex*[0—9].py
```

这看起来可能有些复杂，但在完成本节习题后，你将理解并能够使用 PowerShell 来控制你的计算机。那么，我们应该只使用 PowerShell 吗？当然不是，你应该根据任务的需求，选择最合适的工具。对于许多编程任务来说，PowerShell 是一个非常不错的选择。

■ PowerShell 是什么

PowerShell 是一种迷你编程语言，允许你通过命令控制计算机。这些命令的语法通常如下：

```
1  command -option1 -option2 arg1,arg2
```

命令是需要计算机执行的操作：

- ls——列出文件；
- cp——拷贝文件；
- rm——删除文件。

在 PowerShell 中，许多命令也有对应的名称：

- ls 也称为 Get-ChildItem；
- cp 也称为 Copy-Item；
- rm 也称为 Remove-Item。

这些命令都接受以 - 字符开头的选项。例如，ls 有一个 -Recurse 选项，使用方式如下：

```
1 ls -Recurse
2 # 或详细名称版本
3 Get-ChildItem -Recurse
```

最后，可以向命令添加参数，这些参数通常是运行命令所需的资源：

```
1 ls -Recurse ~/Desktop
```

如果这个过程在屏幕上输出大量文本，可以按 Ctrl + C 快捷键。有时候可能需要多按几次才能使其中止。使用 PowerShell 参数时有一个需要注意的地方：如果有多个项目，它们之间应该使用逗号分隔：

```
1 ls -Recurse ~/Desktop,"~/Photos/My Family Pics"
```

你将在本节习题中学到更多关于这个命令的用法，不过在此之前先让我来解释这行代码：

（1）ls 是我们想要使用的命令，你也可以使用 Get-Item。

（2）-Recurse 表示“递归地进入所有目录（文件夹）”。

（3）~ 表示“我的主目录”，即包含你的用户文件的顶层文件夹，我的主目录是“C:\Users\Zed”。

（4）你会看到我使用 / 而不是 \，因为键盘上的 / 更容易找到，而且我是一个经验丰富的“Unix 黑客”，所以我的手拒绝输入 \ 字符。幸运的是，PowerShell 允许使用两者中任意一个，并且会自动进行转换。

（5）Desktop 是我想要列出的第一个目录（文件夹）。

（6）, 用来分隔要列出的第一个目录和第二个目录。

（7）“~/Photos/My Family Pics”就像第一个目录“~/Desktop”一样，但我必须在其周围加上引号，因为它的名字“My Family Pics”中有空格。我们必须这样做，否则 PowerShell 会认为 My、Family 和 Pics 是 ls 的三个独立参数。

最后，如果你想了解一个命令，或者想了解更多关于 PowerShell 的信息，可以查阅微软的官方文档：https://learn.microsoft.com/en-us/powershell/scripting/learn/ps101/00-introduction。

微软的文档做得非常出色，不过可能需要花费一周的时间来阅读，以了解几乎所有需要的关于 PowerShell 的内容。当然也可以通过 help 命令获得即时帮助：

```
1 help ls
2 # 或者
3 Get-Help ls
```

提示：ls 是 Get-ChildItem 的一个便捷别名，因此 help 命令会列出 Get-ChildItem 的文档。

PowerShell 对比 Cmder

在本节习题中，我们将介绍 PowerShell 的基本命令。Cmder 是一个改进的“控制台仿真器”，用于增强 PowerShell 的使用体验。我们建议下载完整的 Cmder 并通过它使用 PowerShell，而不是直接运行原始的 PowerShell。Cmder 提供了更适合开发者的设置，并允许使用标签页，这在开发过程中非常重要。

提示：截至 2022 年，Cmder 中存在一个小错误，它可能会让程序运行 cmd.exe 而不是 PowerShell。在你做任何事之前，按 Windows 键，输入 PowerShell，在可用命令列表中找到它并单击“运行”即可。

警告：不要运行名为 PowerShell ISE 的命令。这个命令存在问题，可能会奇怪地丢失所有设置。只需运行一次 PowerShell 命令即可，之后 Cmder 就会自动使用它。

如果由于某种原因无法运行 Cmder，普通的 PowerShell 仍然适用于本书的所有内容。Cmder 实际上并没有替代 PowerShell，它只是托管了 PowerShell 并提供了更好的用户体验而已。

启动 Jupyter

既然我们已经在使用 Jupyter，那么应该学习如何在 PowerShell 中去启动它。最简单的方式是使用以下命令：

```
1 jupyter-lab
```

在 Cmder 中，我喜欢按 Ctrl + T 快捷键来创建一个新的“标签页”，然后在最右边勾选 To bottom 复选框，这样就可以在顶部运行实验，在底部输入代码。如果只想要一个全新的标签页，则无须勾选这个选项。

你还可以指定想要运行的 notebook：

```
1 jupyter-lab Untitled.ipynb
```

获取帮助

如果你想了解某个命令的选项，可以轻松地在网上搜索或查看微软的文档，但如果你想阅读本地文档，可以运行以下命令：

```
1 Get-Help -Name Command
```

将“Command”替换为你感兴趣的命令，它将打印出相应的文档。

例如，想获取 ls 命令的帮助，可以这么做：

```
1 Get-Help -Name ls
2 # 可以不必使用驼峰式大小写 get-help -name ls。
```

当你运行这个命令时，会显示 Get-ChildItem 的文档。

如何使用 start 命令

我们大部分时间都是通过资源管理器窗口来浏览计算机。资源管理器，就是当单击一个文件夹时，打开的图形用户界面（Graphical User Interface，GUI）窗口。事实上，我们通常会称其为“文件夹”；而在终端中，它被称为“目录”，其实它们是同一个东西。由于我大部分时间都是通过某种终端和 Shell 进行浏览，所以习惯通过文本输出“查看”计算机。一般情况下，我会使用 start 命令，将图形用户界面与终端视角连接起来，如下：

```
1 start .
```

代表“当前目录（文件夹）”，而 start 命令会在“资源管理器”中打开当前目录。start 命令的工作方式类似于双击一个文件，因此我们可以用它打开任何文件。比如，在一个文件夹中，如果想打开一个 PDF 文件，可以这么做：

```
1 start taxes.pdf
```

这就像使用鼠标双击“taxes.pdf”，也可以用它来打开一个目录：

```
1 start ~/Desktop/Games
```

这跟我们在桌面上双击“Games”文件夹的效果是一样的。建议在学习 PowerShell 时频繁使用 start 命令，这样可以通过我们熟悉的计算机操作命令来了解命令行中的位置，很快就能熟练掌握。

译者注：在 Windows 的 PowerShell 中，~ 并不像在 UNIX 系统中那样被自动解释为用户的主目录，可以使用 start 的 $HOME 命令代替。

从图形界面到 PowerShell

虽然 start 命令非常有用，但我们还需要一种方法，可以从资源管理器中打开的目录（文件夹）以直接跳转到 PowerShell 命令行中。你可以将“资源管理器”中打开的任何文件拖拽到 PowerShell 窗口，这样会自动将该文件的路径插入 PowerShell 命令中。

首先，打开桌面：

```
1  start ~/Desktop
```

现在开始一个新的 ls 命令，但不要按 Enter 键：

```
1  ls # 停在这里，不要按 Enter 键
```

在桌面窗口中随机选择一个文件，用鼠标单击它并按住，然后拖拽到 PowerShell 窗口中，文件的完整路径应该就会被插入命令中。以下是我将“Games”文件夹拖到窗口时发生的情况：

```
1  ls C:\Users\Zed\Desktop\Games
```

这就是将你的“资源管理器”（文件夹视图）与 PowerShell 的文本视图连接起来的方法。它适用于任何文件，所以在输入文件位置时感到迷茫，就可以这么做：

（1）在“资源管理器”中打开文件。

（2）用鼠标抓住任何想要的文件。

（3）将其拖拽到 PowerShell 窗口中。

这样就能得到该文件的完整路径。

你的工作目录在哪里

在 Windows 中，你的主目录位于“C:\Users\ 用户名”，其中用户名就是你登录这台计算机的账号。比如，我的主目录是“C:\Users\lcthw”，因为在我的计算机上是使用 lcthw 账号登录。

当启动 PowerShell 时，它会从这个目录开始，你可以尝试使用以下命令来查看位置：

```
1  pwd
```

这会打印出当前的工作目录（pwd 表示“打印工作目录”），即 PowerShell 当前在磁盘上的位置：

```
1  Path
2  ——
3  C:\Users\lcthw\Projects\lpythw
```

这里有什么？

当你保存一个正在处理的文件时，它会被写入主目录的磁盘中。问题在于，文件被保存在主目录的“某个地方”，你需要找到它。为此，你需要学习两个命

令：一个是列出目录内容的命令，另一个是更改目录的命令（稍后会学习）。

每个目录都有一个关于其内容的列表，可以使用 ls 命令查看：

```
1  ls
2  ls Desktop
3  ls ~
```

在第一行命令中，我们列出了当前目录的内容。当前目录也是 pwd 命令显示的工作目录。

接下来，我们列出了桌面目录的内容，这应该会显示出桌面上的文件和文件夹。

最后，我们使用特殊字符 ~ 来列出主目录的内容。在 PowerShell 中，~ 字符代表的是用户主目录。请看下面这个例子，了解它是如何工作的：

```
1  C:\Users\lcthw
2  > pwd
3  Path
4  ——
5  /Users/lcthw
6  C:\Users\lcthw
7  > ls /Users/lctw
8  # ... 很多输出
9  C:\Users\lcthw
10 > ls ~
11 # ... 相同的输出
```

可以看到，pwd 命令显示当前位置是在计算机上的“C:\Users\lcthw”。使用 ls /Users/lcthw 或 ls ~，得到的输出应该是相同的。

在 PowerShell 中，# 字符用于创建注释，注释内容将被 PowerShell 忽略。在上面的示例中，我们省略了所有的输出，用注释说明那是大量的输出，并且这些输出是相同的。

文件、目录和路径

在介绍如何移动目录之前，我需要解释三个与之相关的概念。首先，文件包含了我们的数据，并且通常有类似于 mydiary.txt 或 ex1.py 这样的名称。

这些文件位于目录中，比如“/Users/zed”。目录可以层层嵌套，这意味着我们可以在一个目录中放置另一个目录，再在这些目录中放置文件。例如，我可以有一个目录为“/Users/zed/Projects/lpythw”，如果把 ex1.py 文件放在其中，那么它的位置就是“/Users/zed/Projects/lpythw/ex1.py”。

最后，这个位置被称为路径，我们可以将其视为通往迷宫中特定房间的路径。我们还可以结合使用 ~ 字符来代替“/Users/zed”，于是路径变为

“~/Projects/lpythw/ex1.py”。

如果在使用 PowerShell 时涉及目录、文件和路径，那么通过“资源管理器”查看时，它们是如何映射到文件夹的呢？

前面提到过，文件夹和目录实际上是同一个概念。因此，如果你在“资源管理器”中通过一系列鼠标单击打开了一个文件夹，也可以在 PowerShell 中使用相应的路径来列出该文件夹的内容。理解这一点非常重要。

学习它们之间相互关联的一种方法是使用资源管理器创建文件夹，将一些小文件放进去，然后使用 PowerShell 找到这些文件并打开它们。可以把它想象成在终端中进行的寻宝游戏。不过在这样做之前，我们需要了解如何使用 cd 命令切换目录。

切换目录

你已经知道如何在 PowerShell 中列出当前位置的目录：

```
1 ls ~/Projects/lpythw/
```

还可以使用 cd 命令改变当前的工作目录：

```
1 cd ~/Projects/lpythw/
2 pwd
```

不过，由于你从未创建过名为 Projects 和 lpythw 的目录，所以这个命令对你来说不会起作用。现在请花点时间在“资源管理器”窗口中创建这些目录（选择“新建文件夹”），然后像上面演示的那样使用 cd 命令。

在 PowerShell 中使用 cd 的理念是，你在目录之间移动，就像在房间里通过连接的走廊走动。输入的“cd Projects/lpythw”命令就像把你的角色先移动到名为 Projects 的房间，然后再走进下一个名为 lpythw 的房间。

现在花点时间继续使用 ls、pwd 和 cd 来探索你的计算机。在“资源管理器”窗口中创建目录（文件夹），然后尝试从 PowerShell 中去访问它们，直到你的大脑建立这种联系。这可能需要一些时间，因为你正在尝试将多年使用的图形界面操作，映射到陌生的文本终端操作上。

相对路径

假设你执行了下面这个命令：

```
1 cd ~/Projects/lpythw
```

现在你被困在了名为 lpythw 的目录里，那么该如何“返回去”呢？

这时候就需要使用相对路径操作符：

```
1 cd ..
```

..（两个连续的点号）表示“当前目录的上一级目录”，在这种情况下，由于Projects目录是在lpythw目录的上一级，所以..就代表Projects。因此，下面这两个命令的执行效果是等同的：

```
1  cd ..
2  cd ~/Projects
```

如果Projects包含名为lpythw和mycode的目录，可以这样操作：

```
1  cd ~/Projects/lpythw
2  # 哎呀，我们应该是要跳到mycode
3  cd ../mycode
```

如果你仍然将cd命令想象成在建筑物的房间之间移动，那么..就是让你原路返回的一种方式。

创建和销毁

现在，我们不必再使用任何图形界面来创建目录。在未来很长一段时间，我们都将使用终端命令与文件进行交互。请记住以下用于操作目录和文件的命令：

- mkdir——创建一个新目录。
- rmdir——删除一个目录，但前提是它必须是一个空目录。
- rm——删除（几乎）任何东西。
- new-item——创建一个新的空文件或目录。

我故意没有完全解释这些命令，因为我希望你自己去探索并掌握它们。弄清楚这些命令有助于掌控自己的学习过程，并使知识更加牢固。你可以使用目前掌握的技能来学习这些命令，例如使用get-help -name rm来阅读rm命令的帮助手册。

标志和参数

命令在结构上通常是这样的：

```
1  command flags arguments
2  # command是命令，如ls、cd或cp。
```

flags是用于配置命令的运行方式，在PowerShell中它们以-开头。

提示：在Unix系统中，许多命令行工具使用-开头的选项标志（flags）来调整命令的行为。Python的命令行工具也是从Unix系统移植过来的，因此它们也遵循这种惯例。例如，运行python -help命令会显示Python的帮助信息。

最后，arguments 是传递给命令使用的信息，参数之间使用空格（或逗号）进行分隔。对于 cp 命令来说，这两个参数分别是源文件和目标文件：

```
1  cp ex1.txt ex1.py
```

在本例中，“ex1.txt”文件是第一个参数，“ex1.py”文件是第二个参数，因此该命令会将第一个参数文件复制到第二个参数文件的位置。

复制和移动

我们还可以复制和移动文件或目录，继续你的自学之旅，尝试学习并使用以下命令：

- cp——复制文件。
- mv——移动文件。

记住，你可以通过 get-help cp 和 get-help mv 来自学，这两个也是我们刚学的参数命令。

环境变量

到目前为止，命令都是通过 - 选项进行配置的，但许多命令也可以通过所谓的“环境变量”（也称 env vars）进行配置。这些环境变量是存在于 shell 中的设置，虽然它们不会立即显示在终端，但可以用来配置所有命令的持久选项。要查看你的环境变量，可以输入以下命令：

```
1  ls env:
```

也可以查看单个变量的值：

```
1  $env:path
```

这将打印出 PATH 变量，它定义了 PowerShell 在搜索运行程序（如 python.exe）时查找的目录。

运行代码

终于！本节习题的重点来了——如何运行代码？想象一下，我们有一个名为“ex1.py”的 Python 文件，运行它以查看输出：

```
1  python ex1.py
```

如你所见，python 是 Python 的“运行器”，它会加载“ex1.py”文件并运行它。Python 还接受许多选项，可以尝试以下命令：

```
1  python --help
```

我们经常使用到的另一个命令是 conda，它用于为项目安装 Python 库：

```
1  conda install pytest
```

创建一个名为“testproject”的目录，使用 cd 命令进入，并运行上面的命令，这将会安装一个名为“pytest”的测试框架。我们在稍后会详细地讲解如何使用这个命令，但目前这些就是我们需要了解的主要内容。

常用快捷键

在使用软件时，我们需要知道三个关键的快捷键组合：

- Ctrl + C——终止程序。
- Ctrl + Z——关闭输入，通常会退出程序。
- Ctrl + D——在某些移植到 Windows 的 Unix 软件中，我们需要使用 Ctrl + D 而不是 Ctrl + Z。

这些方法并不是完全可靠的，因为有些程序可能会捕获这些快捷键信号并忽略它们，从而阻止程序被强制退出。不过，大多数情况下它们都应该是有效的。

有用的开发命令

curl 在与网络服务器进行交互时非常有用，当我们需要向网络服务器发送请求并获取响应时，可以这样运行它：

```
1  curl http://127.0.0.1:5000
```

我们稍后会详细解释这些命令的含义，目前只需要记住 curl 是用于查看网站全文的工具即可。

■ 远不止于此

虽然这些知识不足以让你成为 PowerShell 高手，但它们足以让你理解接下来课程中的内容，并能够跟上课程的节奏。强烈建议你在学习过程中不断实践，并阅读微软的入门课程，以进一步扩展基础知识。

习题 39 超越 macOS/Linux 的 Jupyter

Jupyter 是一个非常适合交互式分析的优秀环境。它允许你加载、处理和细化数据，生成图表，添加文档，甚至编辑文件。对于大多数分析师来说，进行日常工作已经足够了，但 Jupyter 也存在一些限制。

（1）Jupyter notebook 在分享和复用方面存在困难。尽管你可以将 notebook 分享给他人查看，或通过各种方式在线发布，但它不像 Python 模块，能够方便地被导入和集成到其他项目中。

（2）Jupyter notebook 容易助长“复制粘贴代码”的行为。这意味着你可以频繁地在每个 notebook 中重复粘贴常用代码，或是保留一个带有常规设置的模板 notebook。虽然这种做法在一开始可能有效，但最终会变得低效，尤其在你发现一个 bug 时，必须在每个 notebook 中修复所有复制粘贴的代码。将这些常用的“模板”代码放在一个可导入的模块中会更高效，也便于与他人共享代码。

（3）Jupyter notebook 不支持自动化测试。自动化测试可以确保代码在进行更改后仍能正常工作，并帮助其他使用你的代码的人确认其功能。这在处理复杂且经常变化的数据时尤为重要，因为测试可以确保当你更新数据模型时，代码依然能正常运行。

（4）98% 的程序员并不使用 Jupyter。如果需要将分析交给其他程序员处理，就需要将其“正式化”为一个他们可以使用的 Python 项目。如果你能创建一个基本项目，放在他们喜欢的版本控制系统中，并编写一些文档，他们通常会帮助你进行修改。如果你只是在休假前丢给他们一个未命名的 Untitled.ipynb，可能会被抱怨，甚至被忽视，这取决于你的工作环境。

（5）将 Untitled.ipynb 转换为正式的 Python 项目还有一个好处：它能让你获得新的视角。很多时候，当你将其转换为另一种语言、平台或媒介时，原先看似完美的分析可能会暴露出问题，或者你会发现更高效的实现方式。这类似于画家倒着看画去找错误，或者音乐家在车里听自己的作品。视角的转变几乎总能让你找到改进程序的机会。

（6）学会不用 Jupyter 编写 Python 代码最重要的原因是获得独立性。我不会强加我的教育风格，因为我认为让学生依赖特定的产品、公司、语言或社区是不对的。我希望你能够在编程趋势变化时，轻松从一种技术转向另一种技术，因为这确实是一个快速变化的行业。今天，Python 和 Jupyter 可能是最流行的工具，而明天，大家可能都在追捧某个在短视频中被“网红”推荐的新技术。如果你想在这个行业中拥有长久的职业生涯，不应该依赖任何单一工具。要达到这种独立性，首先需要学会像程序员一样使用你的计算机。

这是否意味着你不应该使用 Jupyter ？当然不是。Jupyter 在数据分析和编写代码方面表现出色。我希望你能够根据需要，灵活使用 Jupyter 和其他系统。为了实现这个目标，我需要先教会你如何使用命令行。

■ macOS 的问题

如果你使用的是 macOS，可能会被迫使用 ZSH 作为默认 shell。在 ZSH 中，你应该能够使用所有这些命令。不过，如果你更喜欢 Bash，可以强制 macOS 使用 Bash。只需在终端中输入以下命令：

```
1  chsh -s /bin/bash
```

然后完全注销并重新登录。如果操作成功，你应该能够输入以下命令：

```
1  echo $SHELL
```

该命令应打印出 /bin/bash，这表示你已经成功切换。

■ 为什么学习 Bash 或 ZSH

图形系统在处理图形任务时非常出色，但当你需要执行大量重复操作或进行模式匹配时，它们往往显得力不从心。现在，打开一个 Finder 窗口，尝试列出所有以 ex 开头但以数字和 .py 结尾的文件。使用 Bash 来完成这一任务非常简单：

```
1  ls ex*[0—9].py
```

这看起来可能有些复杂，但在完成本节习题之后，你将理解并能够使用 Bash 来控制你的计算机。那么，我们应该只使用 Bash 吗？当然不是，应该根据任务的需求，选择最适合的工具。对于许多编程任务来说，Bash 是一个非常不错的选择。

■ Bash 是什么？

PowerShell 是一种迷你编程语言，允许你通过命令控制计算机。这些命令的语法通常如下：

```
1  command -o1 --option-number2 arg1,arg2
```

-o1 是一个“短选项”，通常是单个字符。但如果这些短选项不易记忆，大多数命令还有一个可以替代的“双词”版本，使用 -- 开头。命令通常表示你希望计算机执行的操作：

- ls——列出文件；
- cp——拷贝文件；
- rm——删除文件。

在 Bash 中，许多命令也有对应的详细名称：

- ls 也称为 Get-ChildItem；
- cp 也称为 Copy-Item；
- rm 也称为 Remove-Item。

这些命令都接受以 - 开头的选项，以及 -- 开始的一个或两个单词的选项。例如，ls 命令有一个 -R 选项：

```
1  ls -R
```

最后，可以向命令添加参数，这些参数通常是运行命令所需的资源：

```
1  ls -R ~/Desktop
```

如果这个过程在屏幕上输出大量文本，可以按 Ctrl + C 快捷键。有时候可能需要多按几次才能使其中止。使用 Bash 参数时有一个需要注意的地方：它期望多个项目之间用空格分隔。如果名字中带有空格，需要使用引号将其括起来：

```
1  ls -Recurse ~/Desktop "~/Photos/My Family Pics"
```

你将在本节习题中学到更多关于这个命令的用法，不过在此之前先让我来解释这行代码。

（1）ls 是我们想要使用的命令。

（2）-R 表示“递归地进入所有目录（文件夹）”。

（3）~ 表示“我的主目录”，即包含你的用户文件的顶层文件夹，比如我的主目录是“C:\Users\Zed”。

（4）/ 是用来分隔文件夹的符号。路径就像你从主文件夹一点一点地进入更深层的文件夹时经过的那些文件夹的顺序。

（5）Desktop 是我想要列出的第一个目录（文件夹）。

（6）空格用来分隔要列出的第一个目录和第二个目录。

（7）“~/Photos/My Family Pics”就像第一个目录“~/Desktop”一样，但我必须在其周围加上引号，因为它的名字“My Family Pics”中有空格。我们必须这样做，否则 Bash 会认为 My、Family 和 Pics 是 ls 的三个独立参数。

现在我们可以开始学习最常用的命令了。我认为这些命令占了我日常使用的 95%。

启动 Jupyter

既然我们已经在使用 Jupyter，那么应该学习如何在 Bash 中去启动它。最简单的方式是使用以下命令：

```
1  jupyter-lab
```

你还可以指定想要运行的 notebook：

```
1  jupyter-lab Untitled.ipynb
```

获取帮助

通常，我们可以通过在命令后添加 -h 或 --help 来获取帮助，如下：

```
1  man -h
```

不过对于某些命令，这种方法可能会失败。另一种获取帮助的方式是使用 man 命令来打印该命令的帮助手册：

```
1  man ls
```

这将显示 ls 命令的完整文档。通常可以先尝试使用 -h，如果不起作用，再使用 man 命令。

如何使用 start 命令

我们大部分时间都是通过“资源管理器”窗口来浏览计算机。资源管理器，就是当单击一个文件夹时，打开的“图形用户界面”（GUI）窗口。事实上，我们通常会称其为“文件夹”；而在终端中，它被称为“目录”，其实它们是同一个东西。由于我大部分计算机使用时间都是通过某种终端和 Shell 进行浏览，所以习惯通过文本输出“查看”计算机。一般情况下，我会使用 start 命令，将图形用户界面与终端视角连接起来，如下：

```
1  start .
```

 代表“当前目录（文件夹）”，而 start 命令会在“资源管理器”中打开这个当前目录。start 命令的工作方式类似于双击一个文件，因此我们可以用它打开任何文件。比如，在一个文件夹中，如果想打开一个 PDF 文件，可以这么做：

```
1  start taxes.pdf
```

这就像使用鼠标双击“taxes.pdf”一样，也可以用它来打开一个目录：

```
1  start ~/Desktop/Games
```

这跟我们在桌面上双击“Games”这个文件夹的效果是一样的。建议在学习 Bash 时频繁使用 open 命令，这样可以通过我们熟悉的计算机操作来了解命令行中的位置，很快就能熟练掌握。

从图形界面到 Bash

虽然 open 命令非常有用，但我们还需要一种方法，可以从“资源管理器”中打开的目录（文件夹）直接跳转到 Bash 命令行中。你可以将资源管理器中打开的任何文件拖拽到 Bash 窗口，这样会自动将该文件的路径插入 Bash 命令中。首先，打开桌面：

```
1  open ~/Desktop
```

现在开始一个新的 ls 命令，但不要按 Enter 键：

```
1  ls # 停在这里，不要按 Enter 键
```

在桌面窗口中随机选择一个文件，用鼠标抓住它，然后拖拽到 Bash 窗口中，文件的完整路径应该就会被插入命令中。以下是我将“Games”文件夹拖到窗口时发生的情况：

```
1  ls C:\Users\Zed\Desktop\Games
```

这就是将你的“资源管理器”（文件夹视图）与 Bash 的文本视图连接起来的方法。它适用于任何文件，所以在输入文件位置时感到迷茫，就可以这么做。

（1）在“资源管理器”中打开文件。

（2）用鼠标抓住任何想要的文件。

（3）将其拖拽到 PowerShell 窗口中。

这样就能得到该文件的完整路径。

你的工作目录在哪里

在 macOS 上，主目录位于“/Users/username”，其中 username 就是登录这台计算机的账号名称。比如，我的主目录是“/Users/zed”；而在 Linux 上，通常会是“/home/username”。因此我的主目录是“/home/zed”。

当启动终端时，它会从这个目录开始，你可以尝试使用以下命令来查看位置：

```
2  pwd
```

这个命令会打印出工作目录路径（pwd 的意思是“打印工作目录”），告诉你当前所在的磁盘路径。你还可以看一下终端左侧，Bash 的命令提示符通常也会显示相同的信息。比如我的输出如下：

```
1  Zeds-iMac-Pro:lpythw zed$ pwd
2  /Users/zed/Projects/lpythw
```

这里的区别在于，pwd 命令会打印出你当前所在位置的完整路径，在我的例子中是“/Users/zed/Projects/lpythw”。然而，命令提示符只显示当前目录的名称，也就是 lpythw。除此之外，Bash 还打印了其他有用的信息，比如我的计算机名

（Zeds-iMac-Pro）和我的当前用户名（zed）。

这里有什么?

当你保存一个正在处理的文件时，它会被写入主目录的磁盘中。问题在于，文件被保存在主目录的“某个地方”，你需要找到它。为此，你需要学习两个命令：一个是列出目录内容的命令；另一个是更改目录的命令（稍后会学习）。

每个目录都有一个关于其内容的列表，可以使用 ls 命令查看：

```
1  ls
2  ls Desktop
3  ls ~
```

在上面的例子中，我首先列出了当前目录的内容。当前目录也是通过 pwd（“打印工作目录”）命令得到的工作目录。它就是你的 Bash shell 在提示符中显示的位置，或者运行 pwd 时得到的路径。

接下来，我们列出了桌面目录的内容，这应该会显示出桌面上的文件和文件夹。

最后，我们使用特殊字符 ~ 列出主目录的内容。在 Unix 系统（包括 Linux 和 macOS）中，~ 字符代表的是用户主目录。请看下面这个例子，了解它是如何工作的：

```
1  Zeds-iMac-Pro:~ zed$ pwd
2  /Users/zed
3  Zeds-iMac-Pro:~ zed$ ls /Users/zed
4  # ... 很多输出
5  Zeds-iMac-Pro:~ zed$ ls ~
6  # ... 相同的输出
```

可以看到，pwd 命令显示当前位置是在计算机上的“/Users/zed”。如果使用“ls /Users/zed”或“ls ~”，得到的输出应该是相同的。

在 Bash 中，# 字符用于创建注释，注释内容将被 Bash 忽略。在上面的示例中，我们省略了所有的输出，用注释说明那是大量的输出，并且这些输出是相同的。

文件、目录和路径

在介绍如何移动目录之前，我需要解释三个与之相关的概念。

首先，文件包含了我们的数据，并且通常有类似于“mydiary.txt”或“ex1.py”这样的名称。

这些文件位于目录中，比如“/Users/zed”。目录可以层层嵌套，这意味着我们可以在一个目录中放置另一个目录，再在这些目录中放置文件。例如，我有一个目录叫作“/Users/zed/Projects/lpythw”，如果把“ex1.py”文件放在那里，那么它的位置就是“/Users/zed/Projects/lpythw/ex1.py”。

最后，这个位置被称为路径，我们可以将其视为通往迷宫中特定房间的路径。我们还可以结合使用 ~ 来代替“/Users/zed”，于是路径变为“~/Projects/lpythw/ex1.py”。

如果在使用 Bash 时涉及目录、文件和路径，那么通过 Finder 窗口查看时，它们是如何映射到文件夹的呢？

前面提到过，文件夹和目录实际上是同一个概念。因此，如果你在 Finder 窗口中通过一系列鼠标单击打开了一个文件夹，也可以在 Finder 窗口中使用相应的路径来列出该文件夹的内容。理解这一点非常重要。

它们之间相互关联的一种方法是使用 Finder 窗口创建文件夹，将一些小文件放进去，然后使用 Bash 找到这些文件并打开它们。可以把它想象成在终端中进行的寻宝游戏。不过在这样做之前，我们需要了解如何使用 cd 命令来切换目录。

切换目录

你已经知道如何在 PowerShell 中列出当前位置的目录：

```
1  ls ~/Projects/lpythw/
```

还可以使用 cd 命令改变当前的工作目录：

```
1  cd ~/Projects/lpythw/
2  pwd
```

不过，由于你从未创建过名为“Projects”和“lpythw”的目录，所以这个命令对你来说不会起作用。现在请花点时间在 Finder 窗口中创建这些目录（选择“新建文件夹”），然后像上面演示的那样使用 cd 命令。

在 Bash 中使用 cd 的理念是，你在目录之间移动，就像在小房间里通过连接的走廊走动。输入的“cd Projects/lpythw”命令就像把你的角色先移动到名为“Projects”的房间，然后再走进下一个名为“lpythw”的房间。

现在花点时间继续使用 ls、pwd 和 cd 来探索你的计算机。在 Finder 窗口中创建目录（文件夹），然后尝试从 Bash 中去访问它们，直到你的大脑建立起这种联系。这可能需要一些时间，因为你正在尝试将多年来使用的图形界面操作，映射到陌生的文本终端操作上。

相对路径

假设你执行了下面命令：

```
1  cd ~/Projects/lpythw
```

现在你被困在了名为“lpythw”的目录中，那么该如何“返回去”呢？

这时候就需要使用相对路径操作符：

```
1 cd ..
```

..（两个连续的点号）表示“当前目录的上一级目录”，在这种情况下，由于Projects目录是在lpythw目录的上一级，所以..就代表了Projects。因此，下面这两个命令的执行效果是等同的：

```
1 cd ..
2 cd ~/Projects
```

如果Projects包含了两个名为“lpythw”和“mycode”的目录，你可以按如下操作：

```
1 cd ~/Projects/lpythw
2 # 哎呀，我们应该是要跳到 mycode
3 cd ../mycode
```

如果你仍然将cd命令想象成在建筑物的房间之间移动，那么..就是让你原路返回的一种方式。

创建和销毁

现在，我们不必再使用任何图形界面来创建目录了。在未来很长一段时间，我们都将使用终端命令与文件进行交互。请记住以下用于操作目录和文件的命令：

- mkdir——创建一个新目录；
- rmdir——删除一个目录，但前提是它必须是一个空目录；
- rm——删除（几乎）任何东西；
- new-item——创建一个新的空文件或目录。

我故意没有完全解释这些命令，因为我希望你自己去探索并掌握它们。弄清楚这些命令有助于你掌控自己的学习过程，并使知识更加牢固。你可以使用目前掌握的技能来学习这些命令，例如使用man rm来阅读rm命令的帮助手册。

隐藏文件

在macOS和Linux等Unix系统中，涉及文件操作时有一个小“陷阱”。想象一下，当你尝试删除一个目录时使用如下命令：

```
1 Zeds-iMac-Pro:~ zed$ rmdir Projects
2 rmdir: Projects: Directory not empty
```

你会收到这样一个错误消息，提示Projects目录不为空。这是因为在Projects目录中还有一个lpythw目录。于是你继续尝试删除lpythw：

```
1 Zeds-iMac-Pro:~ zed$ rmdir Projects/lpythw
```

```
2 rmdir: Projects/lpythw: Directory not empty
```

什么？你明明已经清空了那个目录，它怎么还显示“不为空”呢？

试试这个：

```
1 cd Projects/lpythw
2 ls -la
```

现在你应该可以看到一个奇怪的新文件——.DS_Store。这只会出现在macOS系统上，因为在任何Unix系统中，文件名以 . 开头的文件都是特殊文件，通常是隐藏的。要查看这些文件，必须使用ls -la命令。

标志和参数

命令在结构上通常如下：

```
1 command flags arguments
```

command是命令，如ls、cd或cp。

flags是用于配置命令的运行方式，在Bash中它们以 - 开头。就像我们刚刚使用的ls -la一样，我们向ls命令添加了标志 -l 和 -a，告诉它“列出所有”文件。当标志是单个字母时，不需要为每个标志单独添加 -，可以直接使用 -la 将它们组合起来。

另一种类型的标志是 --blah 风格，它通常是单字母版本的易读替代选项。有时这些标志也写成 --var=value 风格。

最后，arguments是传递给命令使用的信息，参数之间使用空格进行分隔。对于cp命令来说，这两个参数分别是源文件和目标文件：

```
1 cp ex1.txt ex1.py
```

在本例中，ex1.txt文件是第一个参数，ex1.py文件是第二个参数，因此该命令会将第一个参数文件复制到第二个参数文件的位置。

最后，你可以将这些部分组合起来，比如我想要复制整个目录及其内容，可以这样做：

```
1 cp -r lpythw backup
```

这里的 -r 选项表示“递归”，这是一个计算机科学术语，其意思是“深入目录”。这样做会将“lpythw”目录及其内容完整地复制到“backup”目录中。

复制和移动

我们还可以复制和移动文件或目录，继续你的自学之旅，尝试学习并使用以下新命令：

- cp——复制文件；

- mv——移动文件。

记住，你可以通过 man cp 和 man mv 来自学，这两个也是我们刚学到的多个参数命令。

环境变量

到目前为止，我们介绍的命令主要是通过 - 和 -- 样式的选项来配置的，但许多命令也可以通过一种叫作“环境变量”（environment variables，简称 env vars）的稍微隐蔽的设置来配置。这些设置存在于 Shell 中，虽然不会立即显示出来，但它们可以为所有命令配置持久的选项。要查看你的环境变量，可以输入：

```
1  env
```

此外，还有一个非常方便的命令叫作 grep，它接收一个命令的输出，并过滤出需要的内容，试试下面命令：

```
1  env | grep PATH
```

现在你应该只看到 PATH 变量的设置。|（管道）字符的作用是什么呢？它被称为“管道”，你可以将其视为一条管道。它将一个命令的输出传递给另一个命令的输入。非常方便，在后续的习题中，我们会经常看到它的身影。

运行代码

终于！本节习题的重点来了——如何运行代码？想象一下，我们有一个名为“ex1.py”的 Python 文件，运行以下命令以查看输出：

```
1  python ex1.py
```

如你所见，python 是 Python 的“运行器”，它会加载“ex1.py”文件并运行它。Python 还接收许多选项，可以尝试以下命令：

```
1  python --help
```

我们经常会使用的另一个命令是 conda，它用于为你的项目安装 Python 库：

```
1  conda install pytest
```

创建一个名为“testproject”的目录，使用 cd 命令进入，并运行上面的命令，这将会安装一个名为“pytest”的测试框架。我们在稍后会更详细地使用这个命令，但目前这些就是我们需要了解的主要内容。

常用快捷键

在使用软件时，我们需要知道两个关键的快捷键组合：

- Ctrl + C——终止程序。
- Ctrl + D——关闭输入，通常会退出程序。

这些方法并不是完全可靠的，因为有些程序可能会捕获这些快捷键信号并忽略它们，从而阻止程序被强制退出。以下是 GNU bc 命令的一个示例，虽然不太友好，但也算是有帮助的：

```
1  Zeds-iMac-Pro:~ zed$ bc
2  bc 1.06
3
4  Copyright 1991-1994, 1997, 1998, 2000 Free Software Foundation, Inc.
5  This is free software with ABSOLUTELY NO WARRANTY.
6  For details type 'warranty'.
7
8  2+5
9  7
10
11 (interrupt) use quit to exit.
12 quit
```

非常感谢（并不是）你告诉我不能用 Ctrl + C 退出，而是要输入 quit 来退出程序！相信有人花了很多时间来处理 Ctrl + C 快捷键的捕捉，只是为了告诉用户需要输入 quit 而不是直接帮他退出程序……

尽管如此，这两个快捷键组合通常还是有效的，至少它应该也会打印一条消息告诉你如何正确退出程序。

有用的开发命令

以下是几个对开发人员特别有用的命令：

- curl——如果你向它提供一个 URL，它会显示网页的原始文本。你还可以通过 curl -L URL 命令来让 curl 跟随重定向。
- ps——列出计算机上所有正在运行的进程。
- kill——终止一个指定的进程。如果该进程正在运行，并且无法停止它，可以通过 kill -KILL PID 命令来强制终止。

curl 在你需要确保获取网站的真实输出时非常有用，可以这样运行它：

```
1  curl http://127.0.0.1:5000
```

我们稍后会解释这些命令的具体含义，但现在只需要记住，curl 是你查看网站完整文本的工具。

ps 命令列出了当前正在运行的进程。每个程序都会作为一个进程运行。如果你在多个终端窗口或标签页中运行命令或程序，就会有多个进程在后台运行。当我们运行某个命令时，通常可以按 Ctrl + C 快捷键来终止它。但有时候可能需要使用 ps 命令来找到正在运行的进程，然后使用 kill 命令来终止它。首先执行 ps 命令：

```
1  Zeds-iMac-Pro:~ zedshaw$ ps
2  PID TTY TIME CMD
3  677 ttys000  0:00.03 /Applications/iTerm.app/Contents/MacOS/iTerm2
4  679 ttys000  0:00.05 -bash
5  1684 ttys001 0:00.03 /Applications/iTerm.app/Contents/MacOS/iTerm2
6  1686 ttys001 0:00.01 -bash
```

这将会列出当前正在运行的所有进程。可以看到上面的输出中显示有几个终端窗口正在打开。PID 是“进程 ID”的意思，这个编号让你可以从另一个窗口终止该进程。只需获取 PID，打开一个新窗口，并输入：

```
1  kill -KILL 679
```

我们也可以使用 kill -TERM PID 来更友好地终止进程。在日常开发中，通常会先尝试使用 -TERM，如果不起作用，再使用 -KILL。

■ 远不止于此

虽然这些知识不足以让你成为 Bash 高手，但它们足以让你理解接下来课程中的内容，并能够跟上课程的节奏。

习题 40 高级开发者工具

本节习题将讨论如何避免使用“自残枪”(footgun)。所谓的“自残枪”，是一种专门设计用来伤害自己的工具。它总是指向下方，没有安全锁，每当你试图瞄准时，只会打中自己的脚趾。软件开发中充满了类似的“自残枪”，这可能是由于软件的局限性、不良的配置设计，或者其他可用性方面的疏忽所致。

管理 Conda 环境

Python 提供了一种名为“环境”的功能，允许我们为每个项目在一个独立、安全的空间中安装所需的软件包。这样可以避免不同项目之间的依赖冲突。具体来说，每当我们开始一个新项目时，可以“激活”该项目的环境来进行开发工作；当工作完成后，可以“停用”这个环境。这种方法非常有用，因为不同的项目需要不同版本的库或工具，如果不使用环境功能，这些依赖关系可能会互相冲突，导致在同一台计算机上同时开发多个项目变得非常困难。

可以使用 conda 命令创建并激活一个名为“lpythw”的新环境：

```
1  conda create --name lpythw
2  conda activate lpythw
```

激活环境后，Shell 提示符会有所变化，显示为 lpythw，表示你已经处于该环境中。此时便可以安装所需的所有软件包；当工作完成后，可以通过以下命令停用该环境：

```
1  conda deactivate
```

建议为每个项目创建独立的环境，避免在基础环境中安装软件包。这样一来，可以更轻松地从错误的安装中恢复。

最后，可以使用 conda info --envs 列出所有环境：

```
1  $ conda info --envs
2  # conda 环境 :
3  #
4  base                         /Users/Zed/anaconda3
5  lpythw                    *  /Users/Zed/anaconda3/envs/lpyth
```

此外，还可以使用 conda list 列出某个环境中的包。

添加 conda-forge

官方的 Anaconda 仓库包含大量的软件包，但有时我们可能需要额外的软件包。在这种情况下，我们可以使用由社区维护的 conda-forge 项目，这是对基础 conda 包的资源补充。设置 conda-forge 的方法如下：

```
1  # 确认版本 >= 4.9
2  conda --version
3
4  # 退回到基础环境
5  conda deactivate
```

接下来，我们可能需要一个更快的“解析器”，解析器是 conda 中决定安装哪些软件包的组件：

```
1  # 大幅提高解析速度
2  conda install -n base conda-libmamba-solver
3  conda config --set solver libmamba
```

安装 libmamba 解析器时，如果遇到 libarchive.19 的错误，建议删除 Anaconda 并重新安装。无论如何，现在可以更新 conda：

```
1  # 这可能需要一些时间
2  conda update -n base conda
```

接下来，我们可以添加 conda-forge 频道以获得额外的软件包。不过，这里建议使用一种“安全”的方法来安装它，使其优先级低于 Anaconda 官方软件包：

```
1  # 添加 conda-forge 频道
2  conda config --append channels conda-forge
3  # 设置 conda-forge 版本的优先级
4  conda config --set channel_priority strict
```

我曾尝试将 conda-forge 放在默认频道之前，但这可能会导致安装时出现严重的版本冲突。

最后，让我们创建一个工作环境：

```
1  # 创建工作环境
2  conda create -n lpythw
3  conda activate lpythw
```

完成以上步骤后，我们几乎可以访问所有需要的资源，但可能需要使用另一个叫作 pip 的命令。

■ 使用 pip

pip 命令是用于在通用 Python 项目中安装软件包的最常用方法。pip 命令与 conda 命令安装的软件包来源不同，因此如果在 Anaconda 环境中运行 pip，可能会产生版本冲突。例如，conda 可能需要某个项目是 1.2 版本，但 pip 却安装了

2.6 版本，这时可能会遇到各种奇怪的软件错误和崩溃情况。这种情况在安装包含编译二进制组件的模块时尤为常见。

启用 conda-forge 后，我们大多数需要的软件包都可以通过 pip 获得，但如果有一些在 conda-forge 中不可用的模块，而又必须使用 pip，可以参考以下两种解决方案。

首先，可以创建一个只使用 pip 安装的新环境：

```
1 conda create --name newenv-pip
2 conda activate newenv-pip
3 pip install package
4 # 此后仅使用 pip 进行安装
```

我会在这些环境的名称末尾加上 -pip，这样就知道它们只使用 pip。如果你确实需要混合使用 conda 和 pip，那么需要创建一个新环境，并确保在使用 pip 之前先使用 conda：

```
1 conda create --name new-condapip
2 conda activate new-condapip
3 conda install x-package
4 conda install y-package
5 pip install z-package
```

这种方法有效，因为 conda 知道 pip 的存在，因此可以先使用 conda 进行安装，然后 pip 也可以正常工作。如果顺序反过来，pip 并不知道 conda 的存在，可能会干扰 conda 的安装。为方便识别，我会在这种环境的名称上加上 -condapip，以便明确它是什么类型的环境。

■ 使用 .condarc 文件

我们的主目录中应该有一个名为“.condarc”的文件，以下为包含当前的配置值示例：

```
1 channels:
2   - conda-forge
3   - defaults
4 channel_priority: strict
```

这个文件保存了 conda 的配置值，通常不需要更改它们，但如果有需要，可以在 conda 官方文档中找到相关说明。

■ 通用编辑技巧

以下建议适用于大多数编辑器，而不仅限于 Geany。

（译者注：Geany 是一个轻量级的文本编辑器）

（1）除非编程语言要求，否则不要使用制表符（Tab）。有些程序员认为制表符更方便，但由于配置差异，它们很容易在不同编辑器中被错误处理。Emacs 因为将制表符自动转换为 3~5 个空格，并在保存文件时可能添加额外空格而臭名昭著。这种行为会导致缩进不一致，并给使用不同配置的程序员带来麻烦。在 Python 中，这种情况尤其严重。其他编辑器也存在类似问题，由于无法绝对保证制表符总是等于固定数量的空格且不会被“压缩”，所以最好尽量避免使用制表符。

（2）在使用 Python 时，可以在编辑器中开启“可视化空格”选项。在 Geany 中，可以通过 View → Show White Space 进行设置。它会用小灰色符号显示每个制表符和空格字符。大多数编辑器都有类似的设置，请根据需要自行查找。在其他语言中，这可能不那么有用，但也无妨。

（3）在大多数编辑器中要经常保存文件。通常我们可以在工作时反复按 Ctrl + S 键来确保文件已保存。我使用一款名为 Vim 的编辑器，尽管它大部分情况下都会自动保存，但我仍然会手动保存以确保数据最新。

（4）虽然 Geany 很棒，但你应该尽可能多地尝试不同的编辑器，最终找到一款最适合自己的编辑器，并根据工作风格进行精细调整。

（5）在你使用的编辑器中更改配置，以解决可能遇到的问题。每个编辑器都允许我们更改字体、颜色、背景和窗口布局，许多编辑器还支持插件。Geany 有一个不错的插件列表，涵盖了许多你可能需要的功能，可以试试看。你甚至可以使用 Python 通过 Geanypy 来编写 Geany 的插件，所以如果有非常具体的需求，这可能是一个有趣的尝试。此外，Visual Studio Code 也有大量易于安装的插件供我们使用。

（6）如果你在某个特定的 IDE 平台上工作，不要抗拒，直接使用该平台提供的 IDE。例如，如果我在为 Android 手机编写软件，就会使用 Android Studio；如果我在为 iPhone 编写软件，你猜对了，会使用 Xcode。虽然我确实更喜欢 Vim 的自由和功能，但过于固执只会妨碍我实现目标。

■ 更进一步

对于程序员的工作，我能提供的总体建议是：要把计算机的使用体验当作自己的事情。如果不喜欢编辑器的字体，那就换掉它。需要“暗黑模式”但编辑器不支持，那就想办法改掉或者换个编辑器。不要故步自封，要学会调整你的计算机，让它在你工作时更为高效、舒适、得心应手。

习题 41 项目骨架

本节习题是可选的，但如果你希望创建一个能够在其他项目中使用的包，那么本节内容将对你非常有帮助。我将向你展示如何为代码创建一个项目，并在 Conda 环境中本地安装和使用它。本书不会介绍如何将其发布到 PyPI 或 Anaconda 频道，但如果你对此感兴趣，可以参考这篇文档——《如何与全世界的 Python 程序员共享你的代码》（https://fishc.com.cn/thread-226122-1-1.html）。

在浏览这些文档时，你可能会遇到安装失败的问题。每当出现错误时，我建议你删除 test_project 并重新尝试。通常，错误的原因是遗漏了某个步骤，重新尝试安装往往能够解决问题。这个技巧同样也适用于几乎所有需要安装的软件。

■ 激活环境

请不要在基础环境中进行测试。建议切换到 lpythw 环境，或任意你已经拥有的虚拟环境：

```
1  conda activate lpythw
```

这将确保如果安装过程中不慎破坏了环境，你可以轻松地删除并恢复它。

■ 使用 cookiecutter

我的朋友 Audrey 和 Danny Roy Greenfeld 创建了 cookiecutter 项目。这个项目以一致的方式生成文件和项目结构，因此你无须记住特定文件格式或目录结构的细节。我们将在此使用它，通过 cookiecutter-conda-python 模块来创建一个基础的 Conda 项目：

```
1  conda install cookiecutter
```

安装完成后，我们可以快速地创建一个 test_project：

```
1  cookiecutter https://github.com/conda/cookiecutter-conda-python.git
2  full_name [Full Name]: Zed Shaw
3  email [Email Address]: help@learncodethehardway.com
4  github_username [Destination github org or username]: lcthw
5  repo_name [repository-name]: test_project
6  package_name [test_project]: test_project
7  project_short_description [Short description]: A test project.
```

```
 8 noarch_python [y]: y
 9 include_cli [y]: y
10 Select open_source_license:
11 1 - MIT
12 2 - BSD
13 3 - ISC
14 4 - Apache
15 5 - GNUv3
16 6 - Proprietary
17 Choose from 1, 2, 3, 4, 5, 6 [1]: 1
```

由于只是用于测试，我选择了 MIT 许可证。如果你选择了第 6 项 Proprietary，它不会为你创建 LICENSE 文件，这会导致后续步骤失败。如果发生这种情况，你只需在 test_project 目录中创建一个空的 LICENSE 文件即可。

现在，项目目录已经创建好，可以开始在其中进行工作了：

```
1 cd test_project
```

我们现在应该花一些时间来探索这个目录的内容，然后在 test_project/testing.py 中创建一个文件，以供后续使用：

```
1 def hello():
2     print("Hello!")
```

■ 构建项目

接下来，我们需要使用 conda build 命令来构建项目。conda.recipe 目录包含了所有的构建信息，大多数信息都在 conda.recipe/meta.yaml 文件中。如果遇到问题，特别是没有创建 LICENSE 文件时，请检查该文件。

```
1 conda build conda.recipe
2 # 大量输出
3 # 查找这一行
4 TEST END: /Users/USER/anaconda3/conda-bld/noarch/test-project-
  0+unknown-py_0 .tar.bz2
```

如果出现错误，请参阅本节的“常见错误”部分。

■ 安装项目

构建完成后，生成的“test-project-0+unknown-py_0.tar.bz2”文件会被放置在计算机上的某个位置。在安装指南中，我们查找 TEST END 这一行：

```
1 TEST END: /Users/USER/anaconda3/conda-bld/noarch/test-project-
```

```
0+unknown-py_0 .tar.bz2
2 # 在 windows 上会是这样
3 TEST END: C:\Users\lcthw\anaconda3\conda-bld\noarch\test-project-
0+unknown-py_0.tar.bz2
```

这就是包所在的位置，现在可以使用 conda install 来安装它：

```
1 conda install /Users/USER/anaconda3/conda-bld/noarch/test-project-
0+unknown-py_0.tar.bz2
2 Downloading and Extracting Packages
3 Downloading and Extracting Packages
4 Preparing transaction: done
5 Verifying transaction: done
6 Executing transaction: done
```

安装完成后，就可以在包列表中看到它：

```
1 $ conda list test-project
2 # 包环境位于 /Users/USER/anaconda3/envs/lpythw:
3 #
4 # 名称                  版本                  构建      频道
5 test-project          0+unknown             py_0      local
```

注意：项目被重命名为“test-project”，但如果项目名称中包含短横线(-)，可能会引发错误。有关更多信息，请参阅本节的“常见错误”部分。

■ 测试安装

最后一步是测试安装是否成功。你可以在 test_project 目录之外的某个目录中创建一个名为“ex41.py”的文件，并导入该包。

代码 41.1: ex41.py

```python
1 from test_project import testing
2
3 testing.hello()
```

如果安装成功，这段代码应该能够正常运行；如果失败，则需要调试 hello() 函数未找到的问题。

■ 移除 test-project

如果已经完成了安装测试，建议移除 test-project 以防止冲突：

```
1  conda remove test-project
```

这样我们就可以开始创建并安装或分享自己的项目了。

■ 常见错误

当 Conda 构建出现错误时，错误信息通常难以理解。如果遇到错误，建议删除项目并重试。要找到这些错误信息，可能需要在输出中向上滚动去寻找红色错误文本。以下是一些常见问题的提示。

- error: metadata-generation-failed——如果看到关于 test-project 设置命令的错误信息，比如 Problems to parse Entry Point(name='test-project', value='test-project.cli:cli', group='console_scripts')，这通常是由于项目名称中使用了短横线（-），可以将其改为下画线（_），如 test_project。
- ValueError: License file given in about/license_file——向上滚动，查找提及 about/license_file 的行，这意味着缺少 LICENSE 文件。

■ 温故知新

（1）重复这个过程，使用你最近编写的一些 Python 代码。打包它，安装它，并在另一个项目中使用它。

（2）尝试在 jupyter-lab 中使用你的项目，看看它是否工作正常。你可能需要激活 lpythw 环境来使其工作。

（3）阅读 conda build 的文档以及为 PyPI 打包项目的相关文档。

（4）研究将你的项目发布到 Anaconda 和 PyPI 所需的步骤。

（5）了解更多关于 cookiecutter 项目及其用途的信息。

习题 42 列表操作

我们已经学过列表。在学习 while 循环时，我们对列表进行了“追加”（append）操作，并将列表的内容打印了出来。另外，你应该还在“温故知新”环节中查阅过相关的 Python 文档，了解了列表支持的其他操作。如果这些内容在你的记忆中已经有些模糊，请回到本书前面相应的章节复习一下。

你找到并记住了吗？很好。虽然我们经常在使用列表时调用 append() 函数，但可能并未真正理解其背后的工作原理。让我们一起来深入探讨这个过程吧。

当你看到 mystuff.append('hello') 这样的代码时，实际上在 Python 内部触发了一系列动作，从而导致 mystuff 列表发生一系列变化。以下是其工作原理。

（1）Python 发现了 mystuff 变量，并开始查找它的定义。它可能会回溯检查，看看我们是否用赋值号（=）创建过这个变量，或它是否函数的参数，亦或一个全局变量。不管如何，Python 首先需要找到 mystuff。

（2）找到 mystuff 后，Python 接着处理点号运算符（.）。由于 mystuff 是一个列表，Python 知道它支持某些函数操作。

（3）接下来处理 append()。Python 会将 append() 与 mystuff 支持的所有函数名称进行匹配，如果发现确实有一个 append() 的函数，就会调用它。

（4）看到 (时，Python 意识到这是一个函数，于是准备调用它。不过这个函数比较特殊，因为它需要附带一个额外的参数。

（5）而这个额外的参数其实正是 mystuff 自身！你可能会觉得这匪夷所思，但这就是 Python 的工作方式。实际上发生的是 append(mystuff, 'hello')，但我们看到的却是 mystuff.append('hello')。

大多数情况下我们不需要知道这些细节，但当遇到像下面这样奇怪的错误时，了解上述细节可能对我们有很大的帮助：

```
 1  $ python3
 2  >>> class Thing(object):
 3  ...     def test(message):
 4  ...
 5  ...
 6  >>> a = Thing()
 7  >>> a.test("hello")
 8  Traceback (most recent call last):
 9   File "<stdin>", line 1, in <module>
10  TypeError: test() takes exactly 1 argument (2 given)
```

```
11 >>>
```

这是什么情况呢？我在 Python 命令行下展示了一点“魔法”。你可能还没见过 class，但后面很快就会学到。现在你只需要知道，当 Python 报错提示 test() takes exactly 1 argument (2 given)[test() 只接收一个参数，但实际收到了两个] 时，这就意味着 Python 把 a.test("hello") 转换成了 test(a,"hello")，而有人忘了为其添加 a 这个参数从而导致的错误。

一下子吸收这么多信息可能有点难度，但接下来我们将通过几个练习，帮助你理解这一概念。下面的习题将字符串和列表结合在一起，看看你能否从中找到一些乐趣。

代码 42.1: ex42.py

```
1  ten_things ='Apples Oranges Crows Telephone Light Sugar'
2
3  print("Wait there are not 10 things in that list. Let's fix that.")
4
5  stuff = ten_things.split(' ')
6  more_stuff = ['Day', 'Night', 'Song', 'Frisbee',
7                'Corn', 'Banana', 'Girl', 'Boy']
8
9  while len(stuff) != 10:
10     next_one = more_stuff.pop()
11     print('Adding: ', next_one)
12     stuff.append(next_one)
13     print(f'There are {len(stuff)} items now.')
14
15 print('There we go: ', stuff)
16
17 print("Let's do some things with stuff.")
18
19 print(stuff[1])
20 print(stuff[-1]) # 哇！花哨~
21 print(stuff.pop())
22 print(' '.join(stuff)) # 什么？酷！
23 print('#'.join(stuff[3:5])) # 超级棒！
```

■ 运行结果

```
1 Wait there are not 10 things in that list. Let's fix that.
2 Adding:  Boy
```

```
 3  There are 7 items now.
 4  Adding:  Girl
 5  There are 8 items now.
 6  Adding:  Banana
 7  There are 9 items now.
 8  Adding:  Corn
 9  There are 10 items now.
10  There we go:  [''Apples', 'Oranges', 'Crows', 'Telephone',
    'Light', 'Sugar', 'Boy', 'Girl', 'Banana', 'Corn']
11  Let's do some things with stuff.
12  Oranges
13  Corn
14  Corn
15  Apples Oranges Crows Telephone Light Sugar Boy Girl Banana
16  Telephone#Light
```

■ 列表作用

假设我们要创建一个基于 *Go Fish* 的游戏（译者注：一种纸牌游戏）。如果你不知道 *Go Fish* 是什么，可以在网上查一下。为了实现这个游戏，我们需要一种方法来表示“一摞纸牌”，并在 Python 程序中操控这些纸牌，让玩家感觉自己真的在玩纸牌。那么，程序员将这种“一摞纸牌”的数据组织方式称为“数据结构”。

数据结构是什么？简单来说，数据结构就是一种组织数据的正式方法。尽管有些数据结构非常复杂，但它们的本质只是程序中存储和操作数据的一种方式。

在接下来的习题中，我们将更深入地探讨这个问题。现在，你只需要知道，列表是程序员最常用的数据结构之一。列表是一种有序的集合，我们可以将要存储的元素放入其中，并通过索引来访问它们。其实，列表这个概念并不复杂，它与我们日常生活中的清单或物品列表非常相似。为了更好地理解这个概念，我们现在可以把一摞纸牌想象成一个列表。

（1）有一些纸牌，每张都有一个值。

（2）这些纸牌排列成一摞，即一个从上到下的有序列表。

（3）我们可以从上面或下面取牌，也可以从中间随机抽取一张。

（4）如果想要找到某张特定的牌，需要逐一检查，直到找到为止。

再看看我们提到的这些特性：

- 有序的列表：是的，纸牌是按存储顺序排列的。
- 要存储的东西：就是这些纸牌。
- 随机访问：我们可以从牌堆中抽取任意一张。

- 线性访问：如果要找到某张特定的牌，可以从第一张开始，依次查找对比。
- 索引：如果我告诉你取出第 19 张牌，需要从头开始数到第 19 张，然后取出这张牌。而在 Python 列表中，如果要获取某个索引位置的元素，计算机会直接跳到对应位置将其取出。

这就是列表的所有功能了。这个方法能帮助我们理解列表在编程中的概念。其实，每个编程概念都可以与现实世界中的某个事物相关联，至少对于有用的编程概念来说是这样的。如果你能在现实生活中找到对应的类比，那么理解这种数据结构就会变得容易得多。

■ 何时使用列表

只要能够利用列表数据结构的这些功能，就可以考虑使用列表。

（1）如果需要保持结构中元素的顺序。记住，这里指的是元素的存储顺序，而不是按某个规则排序，列表不会自动为你排序。

（2）如果需要通过一个数字来随机访问结构中的元素。记住，索引从 0 开始。

（3）如果需要线性访问结构中的元素。记住，这就是 for 循环的用武之地。

这些时候就需要使用列表。

■ 温故知新

（1）分析每个被调用的函数，将函数调用的步骤翻译成 Python 实际执行的动作。例如，more_stuff.pop() 实际上是 pop(more_stuff)。

（2）将这两种方式翻译为自然语言。例如，more_stuff.pop() 可以翻译成“在 more_stuff 上调用 pop() 函数”，而 pop(more_stuff) 的意思是“用 more_stuff 作为参数调用 pop() 函数”。并理解为什么它们其实做的是同一件事。

（3）上网查阅一些关于“面向对象编程”（Object-Oriented Programming, OOP）的资料。感觉到头晕目眩了吗？嗯，我以前也是。不过别担心，通过这本书你会学到足够多的 OOP 知识。

（4）查一查 Python 中的“类”（class）是什么。不要阅读其他语言中的 class 用法，这只会让你更迷糊。

（5）如果你不理解这些内容，别担心。程序员为了显摆自己有多聪明，发明了面向对象编程，然后开始滥用它。如果你觉得这太难了，可以尝试继续使用“函数式编程”（Functional Programming）。

（6）在实际生活中找出 10 个适合用列表表示的例子，并编写一些脚本来处理这些数据。

■ 常见问题

不是说别用 while 循环吗？

是的。记住，有时在有充分理由的情况下，规则是可以打破的，死守规则不放并不明智。

为什么 join(' ', stuff) 没用？

join 的文档写得很糟糕。实际上，它并不是这样工作的。join 是在你要插入的字符串上调用的一个方法，参数是你要连接的多个字符串组成的列表，所以应该写作 ' '.join(stuff)。

为什么上面代码使用了 while 循环？

尝试用 for 循环重写一遍，看看是否更容易实现。

stuff[3:5] 有何用？

这是一个列表“切片”操作，它会获取 stuff 列表中索引值为 3~5 之间的元素。注意，这里不包含索引值为 5 的元素，这与 range(3, 5) 的行为相同。

习题 43 字典操作

接下来我们将学习 Python 的字典数据结构。字典是一种类似列表的存储数据的方式，但与列表不同的是，字典使用“键值对”而非数值索引来获取数据。在字典中，数据是以“键”（key）和“值”（value）的形式成对存储的，通过“键”可以快速访问其对应的“值”。

让我们比较一下列表和字典各自的功能。

代码 43.1: ex43_pycon_out.py

```
1  >>> things = ['a', 'b', 'c', 'd']
2  >>> print(things[1])
3  b
4  >>> things[1] ='z'
5  >>> print(things[1]) z
6  >>> things
7  ['a', 'z', 'c', 'd']
```

我们可以使用数值作为列表的索引，也就是说，Python 可以通过数值来查找列表中的内容。到目前为止，你应该已经熟悉了列表的这一特性，但务必确保理解这个概念：我们只能用数字来从列表中获取项目。

而字典则允许你使用任何类型的对象作为“键”，不仅仅是数字。字典将一个对象与另一个对象关联起来，无论它们的类型是什么。

代码 43.2: ex43_pycon_out.py

```
1  >>> stuff = {'name': 'Zed', 'age': 39, 'height': 6 * 12 + 2}
2  >>> print(stuff['name'])
3  Zed
4  >>> print(stuff['age'])
5  39
6  >>> print(stuff['height'])
7  74
8  >>> stuff['city'] = "SF"
9  >>> print(stuff['city'])
10 SF
```

我们看到，字典不仅可以使用字符串作为“键”来获取相应的“值”，还可以通过字符串添加新的键值对。当然，字典的键不只支持字符串类型，请继续往下看。

代码 43.3: ex43_pycon_out.py

```
1  >>> stuff[1] = "Wow"
2  >>> stuff[2] = "Neato"
3  >>> print(stuff[1])
4  Wow
5  >>> print(stuff[2])
6  Neato
```

在这里，我们使用了两个数值作为字典的“键”。实际上，你可以使用几乎任何对象作为字典的“键”。

当然，如果字典只能添加而不能删除，那就显得有些单调了。所以，我们可以使用 pop() 函数从字典中删除内容。

代码 43.4: ex43_pycon_out.py

```
1  >>> stuff.pop('city')
2  'SF'
3  >>> stuff.pop(1)
4  'Wow'
5  >>> stuff.pop(2)
6  'Neato'
7  >>> stuff
8  {'name': 'Zed', 'age': 39, 'height': 74}
9  >>>
```

■ 字典示例

接下来要做的练习需要你非常仔细地研究。一定要亲自输入这些代码，并尝试理解其中的每一个步骤。请特别注意你是在什么时候将内容放入字典，在什么时候从映射中获取它们，以及其他操作是如何实现的。这个例子将美国的州名与其缩写关联起来，再将城市的缩写与其全称关联起来。记住，映射或关联是字典中的关键概念。

代码 43.5: ex43_pycon_out.py

```
1  # 创建州与缩写的映射
2  states = {
3      'Oregon': 'OR',
4      'Florida': 'FL',
5      'California': 'CA',
6      'New York': 'NY',
```

```python
7        'Michigan': 'MI'
8    }
9
10   # 创建一组基础的州和其中的一些城市
11   cities = {
12       'CA': 'San Francisco',
13       'MI': 'Detroit',
14       'FL': 'Jacksonville'
15   }
16
17   # 添加一些城市
18   cities['NY'] ='New York'
19   cities['OR'] ='Portland'
20
21   # 打印一些城市
22   print('-' * 10)
23   print('NY State has: ', cities['NY'])
24   print('OR State has: ', cities['OR'])
25
26   # 打印一些州
27   print('-' * 10)
28   print("Michigan's abbreviation is: ", states['Michigan'])
29   print("Florida's abbreviation is: ", states['Florida'])
30
31   # 先使用州名，再使用城市名。
32   print('-' * 10)
33   print("Michigan has: ", cities[states['Michigan']])
34   print("Florida has: ", cities[states['Florida']])
35
36   # 打印每个州缩写
37   print('-' * 10)
38   for state, abbrev in list(states.items()):
39       print(f"{state} is abbreviated {abbrev}")
40
41   # 打印州内所有城市
42   print('-' * 10)
43   for abbrev, city in list(cities.items()):
44       print(f"{abbrev} has the city {city}")
45
46   # 现在同时做这两件事
47   print('-' * 10)
```

```
48 for state, abbrev in list(states.items()):
49     print(f"{state} state is abbreviated {abbrev}")
50     print(f"and has city {cities[abbrev]}")
51
52 print('-' * 10)
53 # 安全地获得可能不存在的州缩写
54 state = states.get('Texas')
55
56 if not state:
57     print('Sorry, no Texas.')
58
59 # 获取一个城市的默认值
60 city = cities.get('TX', 'Does Not Exit')
61 print(f"The city for the state 'TX' is: {city}")
```

■运行结果

```
 1 ----------
 2 NY State has:  New York
 3 OR State has:  Portland
 4 ----------
 5 Michigan's abbreviation is:  MI
 6 Florida's abbreviation is:  FL
 7 ----------
 8 Michigan has:  Detroit
 9 Florida has:  Jacksonville
10 ----------
11 Oregon is abbreviated OR
12 Florida is abbreviated FL
13 California is abbreviated CA
14 New York is abbreviated NY
15 Michigan is abbreviated MI
16 ----------
17 CA has the city San Francisco
18 MI has the city Detroit
19 FL has the city Jacksonville
20 NY has the city New York
21 OR has the city Portland
22 ----------
23 Oregon state is abbreviated OR
24 and has city Portland
25 Florida state is abbreviated FL
```

```
26  and has city Jacksonville
27  California state is abbreviated CA
28  and has city San Francisco
29  New York state is abbreviated NY
30  and has city New York
31  Michigan state is abbreviated MI
32  and has city Detroit
33  ----------
34  Sorry, no Texas.
35  The city for the state 'TX' is: Does Not Exit
```

■ 字典的作用

字典和列表一样，也是编程中最常用的数据结构之一。字典的作用是将你想要存储的内容（值）与某些东西（键）关联起来。再强调一次，程序员所说的“字典”与我们日常使用的字典非常相似，因此我们可以用实际的字典类比来说明它的工作原理。

假设我们要查询单词“honorificabilitudinitatibus”的含义，现在只需将这个单词复制到搜索引擎中就可以找到答案。这就像使用一个庞大而复杂的《牛津英语词典》。在搜索引擎出现之前，我们通常是这样查找单词的：

（1）去图书馆找一本词典，比如《牛津英语词典》。

（2）我们知道“honorificabilitudinitatibus”这个单词的第一个字母是 H，所以在词典的边缘找到 H 标签。

（3）翻几页，直到接近以 hon 开头的页面。

（4）继续翻页，直到找到“honorificabilitudinitatibus”这个单词，或者翻到了以 hp 开头的单词，这意味着词典中根本没有我们要找的单词。

（5）找到单词后，阅读定义，了解它的意思。

这一过程与 Python 字典的工作原理几乎完全一致。我们将单词“honorificabilitudinitatibus”映射到它的定义。Python 字典和《牛津英语词典》之类的字典在本质上是非常相似的。

■ 温故知新

（1）按照相同的映射方式，试着将我们国家或其他国家的省份与城市对应起来。

（2）查阅 Python 文档中有关字典的部分，学习更多关于字典的操作。

（3）找出一些字典无法实现的功能。

■ 常见问题

列表和字典有什么不同?

列表是一种有序排列的元素集合，而字典是一种将元素（键）与另外一些元素（值）关联起来的数据结构。

字典能用在哪里?

字典适用于各种需要通过某个值来查找另一个值的场景。其实，字典也可以称作“查找表”。

列表能用在哪里?

列表适用于需要有序排列（存储顺序）的数据结构，只要知道元素的索引就可以获取相应的值。

如何使用可以排序的字典?

请查看 Python 中的 collections.OrderedDict 数据结构。从 Python 3.7 开始，字典默认也是有序的（在此版本之前，字典是无序的）。

习题 44 从字典到对象

在开始本节习题之前，建议先复习以下几节内容，以加深对字典的理解。

- 习题 24，字典入门：了解字典的基础概念。字典是 Python 中的键值对结构。
- 习题 25，字典和函数：学习如何将函数放入字典并调用它们。
- 习题 26，字典和模块：了解模块在背后是如何使用字典的，以及如何通过修改底层的 __dict__ 来改变模块。

在本节习题中，我们将利用之前学到的知识，开始学习面向对象编程，并创建自己的小型对象系统。

■ 步骤一：将字典传递给函数

假设我们想记录一些关于人的信息，然后让它们说话。或许这是一个有关小镇上种植食物的小游戏。那么我们需要知道角色的名字、年龄和眼睛颜色。同时，还需要一个方法让它们对话。利用现有的知识，可能会写出这样的代码：

代码 44.1: ex44_1.py

```
1  becky = {
2      "name": "Becky",
3      "age": 34,
4      "eyes": "green"
5  }
6
7  def talk(who, words):
8      print(f"I am {who['name']} and {words}")
9
10 talk(becky,"I am talking here!")
```

让我们来分析一下：

（1）创建了一个名为“becky”的变量，里面包含 Becky 角色的所有信息。

（2）接着有一个 talk() 函数，它接收一个角色变量，并打印出该角色的对话。

（3）最后调用 talk() 函数，传入 becky 变量和 Becky 要说的话。

有趣的是，我们可以在任何具有与 becky 变量相同“结构”的对象上使用这个函数。即使你创建了 1000 个结构相同的角色，talk() 函数也能正常工作。

■运行结果

将这第一版代码运行起来后，应该可以看到如下输出：

```
1  I am Becky and I am talking here!
```

在代码的后续版本中，这一输出不会改变。

■步骤二：将 talk 添加到字典中

上述代码的第一个问题是，任何想让这些角色说话的部分都必须知道 talk() 函数。这虽然不是大问题，但你可能希望每个角色都有各自的 talk() 函数，以便实现不同的对话。

解决这个问题的一个方法是将 talk() 函数附加到字典本身，如下：

代码 44.2 ex44_2.py

```
 2  def talk(who, words):
 3      print(f"I am {who['name']} and {words}")
 4
 5  becky = {
 6      "name": "Becky",
 7      "age": 34,
 8      "eyes": "green",
 9      "talk": talk  # 看看这样？
10  }
11
12  becky['talk'](becky,"I am talking here!")
```

这个版本与第一个版本的区别在于：

（1）将 talk() 函数移到顶部，以便可以在后续代码中引用它。

（2）然后将函数放入 becky 字典中，键名为 "talk"。请记住，函数与其他变量一样，可以传递给其他函数，也可以存储在列表或字典中。

（3）最后一行代码实现了 talk() 函数的调用。

但最后一行代码可能会让你感到困惑。让我们稍微解释一下。

（1）becky['talk']：Python 获取 becky 字典中 'talk' 键对应的内容。这就像执行 print(becky['age']) 来获取 becky 的 'age' 键对应的值一样。不要被这些字符串搞糊涂了。

（2）(becky,"I am talking here!")：我们知道，当 Python 看到变量后面的 () 时，通常会将其视为函数调用。刚刚我们获取了 becky['talk'] 的内容，所以这会将该内容作为函数进行调用。然后它将变量 becky 和字符串 "I am talking here!" 作为参数传递给该函数。

你可以通过将这段代码拆分成两行来进一步研究：

```
1  becky_talk = becky['talk']
2  becky_talk(becky,"I am talking here!")
```

大家感到困惑的原因大概是，当我们看到原始的“单行代码”中的所有字符时，大脑会下意识地将它们当作一个整体来处理。所以，分析这类代码的方法是使用变量将它们拆解成多个简单的步骤。

■ 步骤三：闭包

接下来，我们要学习“闭包”的概念。闭包是在一个函数内部创建的另一个函数，这个内部函数可以访问其父函数中的变量。让我们看看下面这段代码，以了解闭包是如何运作的：

代码 44.3 ex44_3.py

```
1  # 创建闭包
2  def constructor(color, size):
3      print(">>> constructor color:", color,"size:", size)
4
5      # 注意缩进
6      def repeater():
7          # 该函数使用 constructor() 函数的 color 和 size 参数
8          print("### repeater color:", color,"size:", size)
9
10     print("<<< exit constructor");
11     return repeater
12
13 # 这里返回的是 repeater() 函数
14 blue_xl = constructor("blue","xl")
15 green_sm = constructor("green","sm")
16
17 # 看看 repeater() 函数是如何 " 记住 " 参数的。
18 for i in range(0, 4):
19     blue_xl()
20     green_sm()
```

关于这段代码，有以下几点需要注意。

（1）首先我们定义了一个 constructor(color, size) 的函数，它将创建一个闭包函数。

（2）使用一个简单的 print() 语句来追踪该函数的执行。

（3）接着定义了 repeater() 函数，但请注意它被缩进在 constructor() 函数内部，这表示该函数是 constructor() 函数的内部函数。

（4）在 repeater() 函数中，我们又执行了一个 print() 语句，但请仔细观察这行 print() 打印的内容。它使用了 constructor(color, size) 函数中的 color 和 size 参数。这意味着它们是临时变量，当 constructor() 退出时，它们就会消失，对吗？（在这里其实并不会）

（5）然后打印一行追踪语句，表示 constructor() 函数即将退出。

（6）最后返回了 repeater() 函数，以便调用者可以使用它，但记住 color 和 size 参数应该已经消失了，对吗？这难道不会出错吗？

（7）在我们定义好 constructor() 函数之后，便使用它来生成两个名为“blue_xl”和“green_sm”的 repeater() 函数。

（8）通过一个 for 循环，我们调用这两个函数，重复打印出我们传递给 constructor() 的 color 和 size 参数信息。

（9）这意味着在函数内部创建的子函数可以保持对外部函数中变量的访问（外部函数的变量此时不会随着函数调用完毕而消失）。

关键在于弄清楚 repeater() 函数是如何在 constructor() 函数返回后仍然能够使用 color 和 size 变量的。实际上，Python 会检测到这种情况并创建闭包。闭包是一个保持对其引用的变量的函数，即使父函数已经退出，这些引用仍然可以被保留下来。

■运行结果

运行该闭包代码时，你将看到以下输出：

```
1  >>> constructor color: blue size: xl
2  <<< exit constructor
3  >>> constructor color: green size: sm
4  <<< exit constructor
5  ### repeater color: blue size: xl
6  ### repeater color: green size: sm
7  ### repeater color: blue size: xl
8  ### repeater color: green size: sm
9  ### repeater color: blue size: xl
10 ### repeater color: green size: sm
```

```
11 ### repeater color: blue size: xl
12 ### repeater color: green size: sm
```

■ 步骤四：角色构造函数

如果我们想创建 100 个角色，该怎么办？在步骤二的代码中，我们需要手动创建每个字典并将 talk() 函数放入其中。这显然是一项烦琐的工作，应该交给计算机来完成。因此，让我们利用学到的知识来创建一个新的构造函数，并使用它为我们生成角色。

我们将利用目前为止学到的知识，创建一个“构造”角色的函数：

代码 44.4 ex44_4.py

```
1  def Person_new(name, age, eyes):
2      person = {
3          "name": name,
4          "age": age,
5          "eyes": eyes,
6  }
7
8      def talk(words):
9          print(f"I am {person['name']} and {words}")
10
11     person['talk'] = talk
12
13     return person
14
15 becky = Person_new("Becky", 39,"green")
16 becky['talk']("I am talking here!")
```

这段代码使用以下概念。

（1）Person_new() 是一个构造函数，它创建了一个新的 person 字典并将 talk() 函数添加进去。

（2）talk() 函数是一个闭包，这意味着它可以访问在 Person_new() 函数中创建的 person 字典。

（3）像步骤二中那样将 talk() 函数添加到 person 字典中，但由于这是一个闭包，我们不必手动为它提供 person 字典。

（4）它返回新的基于闭包的 person 字典，然后我们就可以像以前一样使用它，但这次做得更简洁。

如果我们将步骤二的最后一行与此行进行比较：

```
1 # 在步骤二中，我们是这么调用的：
2 becky['talk'](becky,"I am talking here!")
3
4 # 在步骤四中，只需要一个 "becky"：
5 becky['talk']("I am talking here!")
```

使用 Person_new() 构造函数，我们可以去掉多余的 becky 变量，使代码更简洁、更可靠。这也意味着我们可以为不同类型的角色定义不同的 talk() 函数。

■ 温故知新

（1）使用 Person_new() 创建更多的角色。

（2）添加一个新功能 hit()，使一个角色能够“攻击”另一个角色。

（3）在角色的字典中加入生命值，并让 hit() 函数随机减少每个角色的生命值。你将需要使用 random() 函数来实现这一点。

（4）为角色添加一个职业属性，并为不同的职业赋予不同的生命值、攻击力和对话。例如，一个“拳击手”会比“婴儿”拥有更多的生命值和攻击力。虽然 Python 提供了更好的工具来处理这类问题，但在这里会是一个有趣的挑战。

（5）最后，使用循环让不同的角色进行战斗，最终实现一个小型的搏击俱乐部。

习题 45 基础面向对象编程

在习题 44 中，我们学习了如何使用函数创建包含附加函数的字典容器。在本节习题中，我们将学习 Python 的 class 关键字以及面向对象编程（Object Oriented Programming，OOP）的特性，通过 OOP 的思路来实现类似的功能。

面向对象编程是一个理解起来相对困难，解释起来也相对复杂的概念。所以，我们将从代码入手，逐步建立你对这一概念的理解。最重要的是，当学习到这一点时，需要记住 OOP 是一种相对奇特的编程范式。人类并不是以这种方式看待世界的，大部分关于 OOP 的理论已经被现代心理学和神经科学驳斥。这意味着我们需要不断地编写 OOP 代码，直到能够真正理解它。这需要耗费时间和不断练习，不要轻易放弃。

■ 创建 Person 对象

下面这段代码实现了与习题 44 相同的功能和输出，但使用的是 Python 官方的面向对象编程系统。请运行这段代码，并将其与 ex44.py 文件并排放置以进行比较。

代码 45.1: ex45.py

```
1  class Person(object):
2
3      # __init__ 的前后是双下画线
4      def __init__ (self, name, age, eyes):
5          self.name = name
6          self.age = age
7          self.eyes = eyes
8
9      def talk(self, words):
10         print(f"I am {self.name} and {words}")
11
12 becky = Person("Becky", 39,"green")
13 becky.talk("I am talking here!")
```

这段代码产生了相同的输出，但实现方式截然不同。让我们分析一下这段代码，并将其与前面的 ex44.py 进行比较。

（1）使用 class 关键字定义了一个 Person 类，该类包含 Person 对象在创建时所需的数据和函数。

（2）我们接着定义了一个 __init__() 方法，它的功能类似 DIY 版本中的 Person_new() 函数。__init__() 方法的任务是为每个 Person 对象配置所需的数据。

注意：__init__() 方法前后各有两条下画线，通常被称为“dunder 方法”。

（3）__init__() 方法接受的参数与 ex44.py 中的 Person_new() 类似，包括 name、age 和 eyes，但多了一个额外的 self 参数。

（4）在 __init__() 方法内部，我们将 name、age 和 eyes 赋值给 self，例如 self.name = name。这与 self['name'] = name 是类似的操作，在幕后，Python 实际上也是这样处理的。

（5）然后我们定义了一个 talk() 方法，它接受 self 和 words 作为参数。self 在这里相当于 ex44.py 中的 person，但在 ex44.py 中我们需要手动将 person 绑定到 talk() 函数，而在 Python 的 OOP 实现中，Python 会为我们自动处理这种绑定。

（6）定义完类后，我们使用 Person() 创建了一个对象，并将其命名为“becky”。此时，Person 类被转换为一个类似 ex44.py 中 Person_new 的“构造函数”。虽然 Python 在这里做得比 DIY 版本的 Person_new() 更多，但它们的目的和用途是相似的。

（7）最后，我们调用 becky.talk("I am talking here!") 让 Becky“说话”。这段代码几乎与 ex44.py 中的 becky['talk']("I am talking here!") 相同。

如果将 ex44.py 与 ex45.py 进行比较，能够发现它们之间的相似之处。ex44.py 中的 DIY 版本虽然不如 ex45.py 中的 OOP 版本那么优雅，但它旨在为你在从函数和字典的使用，过渡到类和对象的使用搭建一道桥梁。

ex45.py 中的 OOP 版本有着更稳固的基础，并支持许多额外的功能扩展。因此，在此之后，请不要再像 ex44.py 那样编程了，因为它只是一个用于过渡的练习。

■ 使用 dir() 与 __dict__

许多 Python 开发者认为 Python 的对象与字典完全不同，但实际上我们可以在对象和类的内部找到字典的存在。在创建 becky 对象之后，请立即添加以下几行代码：

```
1  # 找到创建 becky 对象的行
2  becky = Person("Becky", 39,"green")
3  # 添加下面这行代码
```

```
4 print(becky.__dict__)
```

再次运行 ex45.py 文件，将会看到如下输出：

```
1 {'name': 'Becky', 'age': 39, 'eyes': 'green'}
2 I am Becky and I am talking here!
```

还记得我们在模块中是如何访问字典的吗？Python 的对象也有一个 __dict__，其中包含在 __init__ 中设置的所有属性。下面是另一种尝试：

```
1  # becky 对象所属的类
2  print(becky.__class__)
3
4  # 该类的属性
5  print(becky.__class__.__dict__)
6
7  # 所有内容的字符串列表
8  print(dir(becky))
9
10 # 下面两行代码做的是同一件事
11 print(becky.talk)
12 print(getattr(becky, 'talk'))
13
14 # 这是类的 talk 版本
15 print(becky.__class__.__dict__['talk'])
```

最后两行非常有趣，因为它们输出的内容不同：

```
1 <bound method Person.talk of
2 <_main_.Person object at 0x7fc338253cd0>>
3 <function Person.talk at 0x7fc3280b9750>
```

不同之处在于，绑定方法意味着它类似我们在 ex44.py 中实现的闭包，因此它已经绑定到对象上，并且可以自动访问 self 参数。第二个则是类中未绑定的基础函数。请继续查看本节“温故知新”中的实验。

■ 关于点号操作符（.）

在 ex44.py 中，我们需要手动使用字典语法来访问函数，如下：

```
1 becky = Person_new("Becky", 39,"green")
2 becky['talk']("I am talking here!")
```

而在 ex45.py 中，我们使用点号操作符（.）来访问函数：

```
1 becky = Person("Becky", 39,"green")
2 becky.talk("I am talking here!")
```

我们之前已经多次使用过点号（.）语法，但可能并没有真正理解它。现在我们已经学会定义类并创建对象，所以让我们来进一步理解它。对于刚接触面向对象编程的人来说，像 becky.talk("I am talking here!") 这样的代码常常会引起困惑，因为他们会将其视为单一操作，实际上它是由多个步骤组合实现的。如果我们将这一行代码拆解，可以得到以下步骤。

（1）becky 是你想要访问的 Person 类的对象。

（2）告诉 Python 你想要访问（或获取）此对象中的某个属性或方法，类似字典变量中的 ['key'] 语法。

（3）talk 是你想从 becky 对象中获取的属性或方法。

（4）Python 会检查 becky 对象，看看是否有一个名为 talk 的属性或方法。

（5）Python 在 dir(becky) 中找到 talk() 函数，返回后调用它。

这意味着它实际上可以分解为两行代码：

```
1  talk = becky.talk
2  talk("I am talking here!")
```

请记住，任何时候你如果对一行代码感到困惑，可以将它拆分成多行代码来理解。

■ 术语

在面向对象编程中，有一些术语是需要了解的。

- 类（class）：用于构建对象的定义，可以将其视为蓝图。在上面的代码中，就是 class Person。
- 对象（object）：每次使用类时，都会创建一个对象。在上面的代码中，就是 becky 变量。
- 实例（instance）：对象的另一种称呼，例如我们可以说“becky 是 Person 类的一个实例”。
- 实例化（instantiate）：创建对象或实例的过程。
- 属性（attribute）：构成类定义的任何数据。在上面的代码中，就是 self.name 或 self.age。
- 方法（method）：附加到类上的函数。当有人声称方法与函数截然不同，请不要被迷惑。你可以反问他们是否认为鲑鱼不属于鱼类。
- 继承（inheritance）：我们稍后会涵盖的一个复杂话题，它允许你从另一个类获取额外的功能。这类似你从父母那里继承的某些特征。
- 成员（members）：类的成员是指在类中定义的属性和方法。

• 多态性（polymorphism）：当使用不同继承的类时，发生的一种机制。这是一个复杂的话题，老实说，它带来的麻烦可能多过它的价值。

■ 关于 self

你可能想知道这个 self 变量从哪里来，或者为什么需要使用它。想象一下，有下面这样的代码：

```
1  # 创建一些对象
2  frank = Person("Frank", 100,"green")
3  mary = Person("Mary", 20,"brown")
```

如果查看 Person 的 __init__() 函数，你会看到它使用 self 来设置每个人的名字、年龄和眼睛颜色，代码如下：

```
1  def  __init__ (self, name, age, eyes):
2      self.name = name
3      self.age = age
4      self.eyes = eyes
```

当 Python 调用 __init__() 函数时，它需要一个临时变量供你操作。例如，在创建 frank = Person("Frank", 100,"green") 这一对象时，Python 会先执行 = 右侧的内容，然后将结果赋值给左侧的变量。

这意味着，在调用 __init__() 时，还不知道有 frank 变量。为了解决这个问题，Python 创建了一个临时变量，将其作为 self 传递给 __init__()，以便可以在函数内部设置属性，然后将该变量返回并赋值给 frank 或 mary。

对于 __init__() 函数来说，self 的使用是非常直观的，因为它需要一个临时变量来引用即将创建的对象，从而设置对象的属性。但对于 talk(self, words) 中的 self 来说，可能就不太容易理解了。即使 frank 或 mary 对象已经存在，talk() 函数如何知道它们的存在呢？毕竟，self 并不是在函数外部定义的，而 talk() 方法也与其他变量是独立定义的。

要理解这一点，我们需要深入了解点号操作符（.）的工作方式。当你使用点号操作符调用一个方法时，比如 frank.talk("I am talking here!")，Python 会自动将 frank 对象作为 self 参数传递给 talk() 方法。因此，在 talk() 方法内部，self 实际上就是 frank，这意味着你可以通过 self 来访问 frank 的属性（例如 self.name 就等于“Frank”）。同样地，当你调用 mary.talk("Hello!") 时，Python 会将 mary 作为 self 参数传递给 talk() 方法，因此 self 在这个方法中就指代 mary 对象。

这种设计唯一的问题是，我们可能会遇到以下错误：

```
1 Traceback (most recent call last):
2   File "ex45.py", line 13, in <module>
3     becky.talk("I am talking here!")
4 TypeError: Person.talk() takes 1 positional argument but 2 were given
```

这个错误很容易让初学者感到困惑，但它实际上是在告诉我们：在 Person 类中定义 talk() 函数时，忘记添加 self 参数了。

■ 温故知新

（1）Python 3 允许使用 class Person 或 class Person(object) 来定义类。研究为什么会有第二种形式，以及在 Python 3 中是否真的需要使用后者。

（2）使用你的 Person 类在循环中创建 1000 个角色，并将它们存储在一个列表中。

（3）回顾习题 44 中的代码，通过添加生命值，让一个角色可以攻击另一个角色，并赋予角色不同的战斗能力。

（4）将这个解决方案与习题 44 中的解决方案进行比较，看看你更喜欢哪一个。即使你更喜欢前者，也请不要再编写那样的代码了。请记住，习题 44 只是一个过渡练习。

（5）我们是如何从 becky.__class__.__dict__ 中获取 talk() 函数的？思考它与 becky.talk 有何不同。尝试直接调用它并看看会得到什么错误。你能修复这个错误吗？

■ 常见问题

为什么我应该使用面向对象编程？

因为 Python 是一门具有面向对象特性的编程语言，它将 OOP 作为构建代码的主要方式。像 Java、C++、Ruby 和 C# 这些编程语言，使用 OOP 来开发会更加顺手。然而，有一些编程语言更依赖函数和模块化编程，使用 OOP 可能会显得不太适合。

习题 46 继承与高级面向对象编程

理解类和对象之间的区别是面向对象编程中的一个关键概念。问题在于，实际上类和对象之间并没有真正的“区别”。它们只是同一个事物在不同时间点上的表现。我们可以通过一个禅宗公案来解释这个问题。

译者注：公案是禅宗术语，指禅宗祖师的一段言行，或是一个小故事，通常与禅宗祖师开悟过程，或是教学片段相关。

（1）鱼和三文鱼有什么区别？

这个问题可能会让你感到困惑。认真思考一下，鱼和三文鱼确实是不同的，但它们又是同一种东西，对吗？三文鱼是一种鱼，所以它们之间并没有什么不同。但是，三文鱼是一种特定的鱼类，因此它与其他鱼类有所不同，这就是为什么它是三文鱼而不是大比目鱼。所以，三文鱼和鱼既是相同的，也是不同的，这真是奇怪！

这个问题之所以让人困惑，是因为大多数人不会以这种方式去思考事物。我们通常通过直观理解来认识它们。我们不需要思考鱼和三文鱼之间的差异，因为我们已经知道它们之间的关系。我们知道三文鱼是一种鱼，并且还有其他种类的鱼，不需要深入理解它们之间的联系。

再进一步思考：假设现在有一桶三文鱼，由于你是一个富有爱心的人，决定为每条鱼取一个名字：Frank、Joe 和 Mary。现在，请继续思考第二个问题。

（2）三文鱼和 Mary 之间有什么区别？

这个问题同样有些奇怪，但比鱼和三文鱼的问题要简单一些。你知道 Mary 是一条三文鱼的名字，所以它们并没有真正的不同。它只是三文鱼的一个具体“实例”。Joe 和 Frank 也是三文鱼的实例。当我们说“实例”时，意思其实是它们是从三文鱼中“创建”出来的，代表了一个具有三文鱼特征的真实事物。

现在，请接受这个令人费解的想法：鱼是一个类，三文鱼也是一个类，而 Mary 是一个对象。仔细思考一下这个问题。接下来让我们慢慢拆解一下，看看你是否能理解。

鱼是一个类，这意味着它不是一个真实的东西，而是我们附加在具有类似属性的事物实例上的一个概念。有鳍，有鳃，生活在水中，那么它可能就是一条鱼。

然后一位博士来了，他说：“不，我年轻的朋友，这条鱼实际上是 Salmo salar，我们亲切地将它称为三文鱼。”这位教授进一步明确了鱼类，并创建了一个名为“三文鱼”的新类，它具有更具体的属性。鼻子较长、肉呈红色、体型大、生活在海洋或淡水中、味道鲜美，那么它可能就是三文鱼。

最后，一位厨师对博士说："不，你看这条三文鱼，我叫它 Mary，我打算用它做一道美味的菲力鱼片，然后配上美味的酱汁。"现在，我们有了一条名为 Mary 的三文鱼实例，它变成了一个真实的事物，并且最终填满了你的肚子。因此，我们说它是一个对象。

这就是事情的真相：Mary（对象）是一种三文鱼（类），而三文鱼是一种鱼（父类），对象是一个类的子类的实例。

■ 如何写成代码

这个概念虽然有些奇怪，但实际上，我们只需要在创建新类和使用类时考虑它。这里有两个小技巧，可以帮助你快速判断某个事物是类还是对象。

首先，我们需要学习两个术语："是"（is-a）和"有"（has-a）。当我们在讨论一个对象是另一个类的实例时，会使用"是"这个词。当我们在讨论一个对象包含另一个对象时，会使用"有"这个词。

现在，请浏览下面这段代码，并用合理的注释替换每个"## ??"，指出下一行代码代表的是"是"还是"有"的关系，并说明它们的关系是什么。在代码的开始，我们已经列出了几个例子，因此你只需要依葫芦画瓢即可。

记住，三文鱼和鱼之间属于"是"的关系，而三文鱼和鳃之间属于"有"的关系。

代码 46.1: ex46.py

```
1  ## 动物是一种物体（是的，这种说法确实会让人感到奇怪）
2  class Animal(object):
3      pass
4
5  ## ??
6  class Dog(Animal):
7
8      def __init__(self, name):
9          ## ??
10         self.name = name
11
12 ## ??
13 class Cat(Animal):
14
15     def __init__(self, name):
16         ## ??
```

```
17          self.name = name
18
19  ## ??
20  class Person(object):
21
22      def __init__(self, name):
23          ## ??
24          self.name = name
25
26          ## 某人有某种宠物。
27          self.pet = None
28
29  ## ??
30  class Employee(Person):
31
32      def __init__(self, name, salary):
33          ## ?? 这是什么奇怪的魔法？
34          super(Employee, self).__init__(name)
35          ## ??
36          self.salary = salary
37
38  ## ??
39  class Fish(object):
40      pass
41
42  ## ??
43  class Salmon(Fish):
44      pass
45
46  ## ??
47  class Halibut(Fish):
48      pass
49
50
51  ## rover 是一条狗
52  rover = Dog("Rover")
53
54  ## ??
55  satan = Cat("Satan")
56
57  ## ??
58  mary = Person("Mary")
```

```
59
60 ## ??
61 mary.pet = satan
62
63 ## ??
64 frank = Employee("Frank", 120000)
65
66 ## ??
67 frank.pet = rover
68
69 ## ??
70
71 flipper = Fish()
72 ## ??
73 crouse = Salmon()
74
75 ## ??
76 harry = Halibut()
```

■ 关于 class Name(object)

在 Python 3 中，我们不再需要在类名后加上（object），但 Python 社区信奉“明确优于隐晦”的原则，因此我和其他 Python 专家一致决定保留它。你可能会遇到一些没有（object）类的定义，这些类依然可以正常工作，并且可以与你创建包含（object）类一起使用。在这一点上，这只是额外的文档说明，不会影响类的工作方式。

在 Python 2 中，是否添加（object）确实存在区别，但现在我们不必担心这个问题了。添加（object）的唯一意义在于理解“class Name 是一种类型为（object）类”这句话。现在这可能听起来有点困惑，因为（object）就是一个类。但别担心，只需要将 class Name(object) 理解为“这是一个基本的简单类”就可以了。

最后，未来 Python 程序员的风格和偏好可能会改变，这种显式使用（object）的方式可能会被视为一种不好的风格。如果是那样的话，只需停止使用它，或者告诉别人，“Python 之禅说了，明确优于隐晦。”（推荐参考 Python 之禅解读 https://fishc.com.cn/thread-141708-1-1.html）

■ 温故知新

（1）研究为什么 Python 添加了这个奇怪的（object）类，以及它的作用是什么？

（2）是否可以像使用对象一样使用类？

（3）在上面的练习中，为 Animal、Fish 和 Person 添加函数，让它们执行一些操作。然后比较一下函数在基类（如 Animal）和具体类（如 Dog）中的表现有何不同。

（4）查看其他人的代码，找出其中所有的“是”和“有”关系。

（5）创建一些新的关系，例如列表和字典，这样可以拥有“多个”（has-many）的关系。

（6）你认为存在所谓的“同时是多个”（is-many）关系吗？阅读有关“多重继承”的内容，但在开发中请尽量避免使用它。

■ 常见问题

这些“## ??”注释是什么意思？

它们是“填空”注释，你需要使用正确的“是”（is-a）和“有”（has-a）概念来填写。请再次阅读这个习题，并查看其他注释以理解我的意思。

self.pet = None 这行代码的目的是什么？

这行代码确保了该类的 self.pet 属性默认值为 None。

super(Employee,self).__init__(name) 这行代码是做什么的？

这是一种可靠的方式，用于运行父类的 __init__() 方法。你可以搜索“python3 super”，阅读关于它的好处和潜在问题的各种建议（推荐参考 super() 解读 https://fishc.com.cn/thread-213994-1-1.html）。

习题 47 基础的面向对象分析和设计

本节习题将会教你一个使用 Python 构建项目的流程，尤其使用面向对象编程的方法。这里所说的“流程”是指一系列按顺序进行的步骤，但你不必完全照搬，因为这些步骤并不适用于所有情况。它们只是解决许多编程问题的一个很好示范，但绝不是解决这类问题的唯一途径，仅供参考。

具体流程如下。

（1）把想要解决的问题写下来，或者画出来。

（2）将第（1）步中的关键概念提取出来并加以研究。

（3）创建一个类层次结构和对象图。

（4）使用代码实现各个类，并写一个测试程序来运行它们。

（5）重复上述步骤并细化代码。

这个流程可以看作“自顶向下”（top-down）的过程，也就是说从抽象的概念入手，逐步细化，直到这些概念变成具体的代码实现。

首先，我会把需要解决的问题写下来，尽可能想出所有与之相关的内容。也许我还会画一些图，可能是某些结构关系图，或者给自己写一些描述问题的笔记。这样可以让我把问题的关键概念表达出来，并探索自己对该问题已知的各个方面。

其次，我会浏览这些笔记、图画和描述，从中提取出关键概念。有一个简单的方法：列出所有的名词和动词，然后写出它们的关系。这样就会得到一份类、对象和函数的名称列表，以供下一步使用。再将这些概念列举出来，研究那些还不清晰的部分，以便进一步细化它们。

一旦有了这份关键概念的列表，我会为这些概念创建一个简单的结构图（树状结构），以厘清它们之间的关系。通常，你可以拿着名词列表，问自己：“这个概念和其他概念相似吗？如果相似，说明它们有一个共同的父类，那它叫什么？”不断重复这一过程，直到整理出一个类层次结构，通常是一个简单的树状结构或图表。然后，拿出你的动词，看看它们是否适合作为每个类的函数名称，并把它们纳入树状结构中。

在确定了类层次结构之后，我会开始编写一些基本的框架代码，其中只包含类及其函数，而不实现具体功能。接下来，我会写一个测试程序来运行这些代码，以确保我创建的类是合理并且正常工作的。有时，我可能会先写测试代码；而其他时候，我可能会写一点测试代码，再写一点实现代码，反复进行，直到整个项目完成。

最后，我会不断重复这个过程，逐步改进代码，使其更清晰，并实现更多的功能。如果在某个部分因某个概念或问题遇到阻碍，我会专注于该部分，重新开始这个过程，直到弄清楚后再继续。

接下来，我们将通过这个流程来创建一个游戏引擎和一个游戏。

■ 简单游戏引擎的分析

我要做的这款游戏名叫《来自 Percal 25 号行星的哥顿人》（*Gothons from Planet Percal #25*），这是一款小型的太空冒险游戏。我们可以沿着这个思路开始思考，如何让这款游戏变得有趣。

把问题写下来或者画出来

我将为这个游戏写一段描述："外星人入侵了宇宙飞船，我们的英雄必须穿过一个充满房间的迷宫，打败遇到的外星人，这样才能通过逃生舱回到下面的行星上去。这个游戏跟 *Zork* 或者 *Adventure* 类似，是一个带有文本输出和各种搞笑死亡方式的游戏。这款游戏会用到一个引擎，它包含一张充满房间和场景的地图。当玩家进入一个房间时，房间会打印出自己的描述，并告诉引擎下一步应该到哪个房间。"

截至目前，我已经对游戏的内容及运行方式有了一个不错的概念，接下来需要描述各个场景：

- 死亡（Death）—— 这是玩家死亡的场景，应该做得比较搞笑。
- 中央走廊（Central Corridor）—— 这是游戏的起点，哥顿人已经在那里把守着了，玩家必须用一个笑话打败它才能继续前进。
- 激光武器库（Laser Weapon Armory）—— 在这里英雄会获得一颗中子弹，在乘坐逃生舱离开时要使用它将飞船炸毁。这个房间里有一个数字键盘，英雄需要猜测密码的组合。
- 飞船主控舱（The Bridge）—— 这是另一个战斗场景，英雄需要在这里放置炸弹。
- 逃生舱（Escape Pod）—— 这是英雄逃生的场景，但只有在猜对正确的逃生舱时才能顺利逃脱。

到这里，我可能会画出这些场景的地图，并写更多关于每个房间的详细描述。

提取和研究关键概念

现在掌握了足够的信息，可以提取一些名词并分析它们的类层次结构。首先整理一下名词。

- 外星人（Alien）；
- 玩家（Player）；
- 飞船（Ship）；
- 哥顿人（Gothon）；
- 逃生舱（Escape Pod）；
- 行星（Planet）；
- 地图（Map）；
- 引擎（Engine）；
- 迷宫（Maze）；
- 房间（Room）；
- 场景（Scene）；
- 死亡（Death）；
- 中央走廊（Central Corridor）；
- 激光武器库（Laser Weapon Armory）；
- 主控舱（The Bridge）。

我可能还需要把所有动词提取出来，并看看它们是否适合作为函数名使用，不过现在我先跳过这一步。

此时，你可能还需要研究每个概念和一些不太清晰的内容。例如，我可能会通过玩一些类似的游戏，以确认了解它们的运作方式。我可能会研究飞船的设计或者炸弹的工作原理。也许我还会研究一些编程技术问题，比如如何将游戏状态保存到数据库中。完成这些研究后，可能需要回到第一步，基于学到的新知识，重写游戏的描述并重新提取新的概念。

给各种概念创建类层次结构和对象图

完成上述工作后，我会通过问问题的方式来转化为一个类层次结构。问题可以是“哪些名词是相似的？”或者“哪个名词其实只是另外一个名词的不同叫法？”

很快我发现，“房间”和“场景”基本上是同一个概念。那么在这个游戏里，我将统一使用“场景”这个概念，然后发现“中央走廊”是一个场景，“死亡”也是一个场景。“死亡场景”可以接受，但“死亡房间”听起来有些奇怪！所以，这也是我选择使用“场景”这个名词的原因。“迷宫”和“地图”基本上也是一个意思，那就统一称为“地图”吧，因为这个词平时更常用。这里我不打算实现一个作战系统，所以“外星人”和“玩家”就先忽略，留待以后再补充。“行星”其实也可以是另一个场景，而不是什么特殊的东西。

厘清思路后，我会在文本编辑器中画出一个类似下面的类层次结构：

```
1  * Map（地图）
2  * Engine（引擎）
3  * Scene（场景）
4    * Death（死亡）
5    * Central Corridor（中央走廊）
6    * Laser Weapon Armory（激光武器库）
7    * The Bridge（主控舱）
8    * Escape Pod（逃生舱）
```

我会根据描述中的动词，逐一确定每个类需要哪些方法。例如，从描述中得知我需要一种“运行”引擎的方式，从地图中“获取下一个场景”，获取“开场场景”，以及“进入”一个场景。我会像下面这样添加这些功能：

```
1  * Map（地图）
2    - next_scene（下一个场景）
3    - opening_scene（开场场景）
4  * Engine（引擎）
5    - play（运行）
6  * Scene（场景）
7    - enter（进入场景）
8    * Death（死亡）
9    * Central Corridor（中央走廊）
10   * Laser Weapon Armory（激光武器库）
11   * The Bridge（主控舱）
12   * Escape Pod（逃生舱）
```

注意，我只在 Scene 类下添加了 enter 方法，因为我知道所有具体的场景会继承并覆盖这个方法。

编写类和运行类的测试代码

一旦准备好了类和方法的树状结构，我会在编辑器中打开一个源文件，并尝试为其编写代码。通常我会将这个树状结构复制到源文件中，然后将其扩展成各个类。以下是一个初始的简单示例，文件末尾还添加了一个简单的小测试。

代码 47.1: ex47_classes.py

```python
1 class Scene(object):
2 
3     def enter(self):
4         pass
5 
```

```
6
7  class Engine(object):
8
9      def __init__(self, scene_map):
10         pass
11
12     def play(self):
13         pass
14
15 class Death(Scene):
16
17     def enter(self):
18         pass
19
20 class CentralCorridor(Scene):
21
22     def enter(self):
23         pass
24
25 class LaserWeaponArmory(Scene):
26
27     def enter(self):
28         pass
29
30 class TheBridge(Scene):
31
32     def enter(self):
33         pass
34
35 class EscapePod(Scene):
36
37     def enter(self):
38         pass
39
40
41 class Map(object):
42
43     def __init__(self, start_scene):
44         pass
45
46     def next_scene(self, scene_name):
```

```
47            pass
48
49        def opening_scene(self):
50            pass
51
52    a_map = Map('central_corridor')
53    a_game = Engine(a_map)
54    a_game.play()
```

你可以看到，在这个文件中我只是简单地重复了我想要的层次结构，然后在末尾添加了一点代码，来测试它是否能正常工作。在本节习题的后续部分，你需要填充剩下的代码，使其与游戏描述相匹配并能正常运行。

重复和优化

这个小流程的最后一步其实也不算是一个步骤，而是类似 while 循环的过程。前面所讲的内容并不是一次性操作，需要不断回到前面重复整个流程，并根据后续步骤中掌握的信息进行改进。有时，我走到第三步时会发现需要回到第一步和第二步进行一些改进，那就停下来并回去处理它们。有时我会灵光一现，直接跳到最后一步，把脑海中的解决方案编写出来，但随后我还是会回头去完成前面的步骤，确保覆盖了所有的可能性。

关于这个流程，要注意的另一点是，你不需要把自己锁定在某个特定层次上完成某项任务。例如，如果不知道如何编写 Engine.play() 方法，我可以停下来，单独对这个方法使用整个流程再过一遍，以便弄清楚具体代码应该如何编写。

■ 自顶向下与自底向上

刚刚描述的这个流程被称为“自顶向下”，因为它从最抽象的概念开始，然后逐渐深入实际的代码实现。我希望你在学习后面的习题时，使用这一流程来分析问题。不过，你应该知道，还有一种解决编程问题的方法是先从代码开始，最后向上到抽象层面的概念，这种方法则称为“自底向上”。

一般步骤如下。

（1）取一个小问题，写一些代码让它勉强能运行起来。

（2）用上类和自动化测试，将代码改进得更正式一些。

（3）提取用到的关键概念，尝试找到相关的研究资料。

（4）写一段描述，解释实际上发生了什么。

（5）返回去细化代码，如果需要就推翻重写。

（6）重复以上步骤，直到解决所有问题。

我发现这个流程对于编程基础牢固的程序员更有效。当你对整个方案的一小部分实现有思路，但对于整体概念还没有足够了解时，这种流程就非常好用了。把问题分成小块，然后用代码探索，有助于你慢慢攻克难题，直到解决它。然而，记住你的解决方案可能会迂回曲折，所以我的版本还包括回去查找研究资料，并根据学到的内容进行清理和改进。

■“来自 Percal 25 号行星的哥顿人”的代码

暂停一下！我马上就要展示前面问题的最终解决方案了，但我不希望你直接照抄答案。我希望你先拿着上面粗略的骨架代码，根据描述自己尝试让它运行起来。一旦有了自己的解决方案，再回来看看我是怎么做的。

接下来，我会将 ex47.py 文件拆分成几个部分，并逐一解释。

代码 47.2: ex47.py

```
1  from sys import exit
2  from random import randint
3  from ex47_dialogue import DIALOGUE
```

这是我们游戏所要用到的模块导入，唯一的新内容是从 ex47_dialogue.py 模块导入的 DIALOGUE 数据。这个模块包含游戏的所有对话文本，这样就不需要再去花时间录入了。你可以从 learncodethehardway.com 的 Python 资源中下载这个数据文件（待完成：相关资源上传到国内服务器）并保存到你的计算机上。如果你无法访问互联网，下面是整个文件的所有内容：

代码 47.3: ex47_dialogue.py

```
1  DIALOGUE = {
2      "CentralCorridor_enter": """
3  The Gothons of Planet Percal #25 have invaded your ship and
4  destroyed your entire crew.  You are the last surviving
5  member and your last mission is to get the neutron destruct
6  bomb from the Weapons Armory, put it in the bridge, and blow
7  the ship up after getting into an escape pod.
8
9  You're running down the central corridor to the Weapons
10 Armory when a Gothon jumps out, red scaly skin, dark grimy
11 teeth, and evil clown costume flowing around his hate filled
12 body.  He's blocking the door to the Armory and about to
```

```
13 pull a weapon to blast you.
14 """,
15 "CentralCorridor_shoot": """
16 Quick on the draw you yank out your blaster and fire it at
17 the Gothon.  His clown costume is flowing and moving around
18 his body, which throws off your aim.  Your laser hits his
19 costume but misses him entirely.  This completely ruins his
20 brand new costume his mother bought him, which makes him fly
21 into an insane rage and blast you repeatedly in the face
22 until you are dead.  Then he eats you.
23 """,
24 "CentralCorridor_dodge": """
25 Like a world class boxer you dodge, weave, slip and slide
26 right as the Gothon's blaster cranks a laser past your head.
27 In the middle of your artful dodge your foot slips and you
28 bang your head on the metal wall and pass out.  You wake up
29 shortly after only to die as the Gothon stomps on your head
30 and eats you.
31 """,
32 "CentralCorridor_joke": """
33 Lucky for you they made you learn Gothon insults in the
34 academy.  You tell the one Gothon joke you know: Lbhe zbgure
35 vf fb sng, jura fur fvgf nebhaq gur ubhfr, fur fvgf nebhaq
36 gur ubhfr.  The Gothon stops, tries not to laugh, then busts
37 out laughing and can't move.  While he's laughing you run up
38 and shoot him square in the head putting him down, then jump
39 through the Weapon Armory door.
40 """,
41 "LaserWeaponArmory_enter": """
42 You do a dive roll into the Weapon Armory, crouch and scan
43 the room for more Gothons that might be hiding.  It's dead
44 quiet, too quiet.  You stand up and run to the far side of
45 the room and find the neutron bomb in its container.
46 There's a keypad lock on the box and you need the code to
47 get the bomb out.  If you get the code wrong 10 times then
48 the lock closes forever and you can't get the bomb.  The
49 code is 3 digits.
50 """,
51 "LaserWeaponArmory_guess": """
52 The container clicks open and the seal breaks, letting gas
53 out.  You grab the neutron bomb and run as fast as you can
54 to the bridge where you must place it in the right spot.
```

```
55 """,
56 "LaserWeaponArmory_fail": """
57 The lock buzzes one last time and then you hear a sickening
58 melting sound as the mechanism is fused together.  You
59 decide to sit there, and finally the Gothons blow up the
60 ship from their ship and you die.
61 """,
62 "TheBridge_enter": """
63 You burst onto the Bridge with the netron destruct bomb
64 under your arm and surprise 5 Gothons who are trying to take
65 control of the ship.  Each of them has an even uglier clown
66 costume than the last.  They haven't pulled their weapons
67 out yet, as they see the active bomb under your arm and
68 don't want to set it off.
69 """,
70 "TheBridge_throw_bomb": """
71 In a panic you throw the bomb at the group of Gothons and
72 make a leap for the door.  Right as you drop it a Gothon
73 shoots you right in the back killing you.  As you die you
74 see another Gothon frantically try to disarm the bomb. You
75 die knowing they will probably blow up when it goes off.
76 """,
77 "TheBridge_place_bomb": """
78 You point your blaster at the bomb under your arm and the
79 Gothons put their hands up and start to sweat.  You inch
80 backward to the door, open it, and then carefully place the
81 bomb on the floor, pointing your blaster at it.  You then
82 jump back through the door, punch the close button and blast
83 the lock so the Gothons can't get out.  Now that the bomb is
84 placed you run to the escape pod to get off this tin can.
85 """,
86 "EscapePod_enter":"""
87 You rush through the ship desperately trying to make it to
88 the escape pod before the whole ship explodes.  It seems
89 like hardly any Gothons are on the ship, so your run is
90 clear of interference.  You get to the chamber with the
91 escape pods, and now need to pick one to take.  Some of them
92 could be damaged but you don't have time to look.  There's 5
93 pods, which one do you take?
94 """,
95 "EscapePod_death":"""
96 You jump into pod {guess} and hit the eject button.  The pod
```

```
97  escapes out into the void of space, then implodes as the
98  hull ruptures, crushing your body into jam jelly.
99  """,
100 "EscapePod_escape":"""
101 You jump into pod {guess} and hit the eject button.  The pod
102 easily slides out into space heading to the planet below.
103 As it flies to the planet, you look back and see your ship
104 implode then explode like a bright star, taking out the
105 Gothon ship at the same time.  You won!
106 """,
107 }
```

如果无法下载该文件，建议你只创建带有注释的基本框架结构即可。内容实在太多了，没必要将宝贵的时间白白浪费掉。

代码 47.4: ex47.py

```
1  class Scene(object):
2
3      def enter(self):
4          print("This scene is not yet configured.")
5          print("Subclass it and implement enter().")
6          exit(1)
```

正如你在骨架代码中看到的，Scene 是一个基类，提供所有场景的通用信息。在这个简单的程序中，这些场景并不复杂，所以这主要是一个如何创建基类的演示。

代码 47.5: ex47.py

```
1  class Engine(object):
2
3      def __init__(self, scene_map):
4          self.scene_map = scene_map
5
6      def play(self):
7          current_scene = self.scene_map.opening_scene()
8          last_scene = self.scene_map.next_scene('finished')
9
10     while current_scene != last_scene:
11         next_scene_name = current_scene.enter()
12         current_scene = self.scene_map.next_scene(next_scene_name)
13
14     # 确保打印出最后一个场景
15     current_scene.enter()
```

这里我创建了 Engine 类，并添加了 Map.opening_scene() 和 Map.next_scene() 方法。它们是前面计划要实现的方法，所以现在先假设它们已经写好了，并在这里调用。至于整个 Map 类，我会在后面继续完善它。

代码 47.6: ex47.py

```
1  class Death(Scene):
2
3      quips = [
4          "You died. You kinda suck at this.",
5          "Your mom would be proud...if she were smarter.",
6          "Such a luser.",
7          "I have a small puppy that's better at this.",
8          "You're worse than your Dad's jokes."
9
10     ]
11
12     def enter(self):
13         print(Death.quips[randint(0, len(self.quips) - 1)])
14         exit(1)
```

我写的第一个场景是简单的 Death 场景：

代码 47.7: ex47.py

```
15 class CentralCorridor(Scene):
16
17     def enter(self):
18         print(DIALOGUE["CentralCorridor_enter"])
19
20         action = input('> ')
21
22         if action =='shoot!':
23             print(DIALOGUE["CentralCorridor_shoot"])
24             return 'death'
25
26         elif action =='dodge!':
27             print(DIALOGUE["CentralCorridor_dodge"])
28             return 'death'
29
30         elif action =='tell a joke':
31             print(DIALOGUE["CentralCorridor_joke"])
32             return 'laser_weapon_armory'
```

```
33
34         else:
35             print('DOES NOT COMPUTE!')
36             return 'central_corridor'
```

CentralCorridor 是这个游戏的初始位置，现在已经创建好了。接下来需要在创建 Map 前完成其他场景，因为后面的代码需要引用这些场景。

代码 47.8: ex47.py

```
1  class LaserWeaponArmory(Scene):
2
3      def enter(self):
4          print(DIALOGUE["LaserWeaponArmory_enter"])
5
6          code = f"{randint(1, 9)}{randint(1, 9)}{randint(1, 9)}"
7          guess = input("[keypad]> ")
8          guesses = 0
9
10         while guess != code and guesses < 10:
11             print("BZZZEDD!")
12             guess += 1
13             guess = input("[keypad]> ")
14
15             if guess == code:
16                 break
17
18         if guess == code:
19             print(DIALOGUE["LaserWeaponArmory_guess"])
20             return 'the_bridge'
21         else:
22             print(DIALOGUE["LaserWeaponArmory_fail"])
23             return 'death'
24
25 class TheBridge(Scene):
26     def enter(self):
27         print(DIALOGUE["TheBridge_enter"])
28
29         action = input('> ')
30
31         if action =='throw the bomb':
32             print(DIALOGUE["TheBridge_throw_bomb"])
33             return 'death'
```

```
34
35          elif action =='slowly place the bomb':
36              print(DIALOGUE["TheBridge_place_bomb"])
37              return 'escape_pod'
38
39          else:
40              print('DOES NOT COMPUTE!')
41              return 'the_bridge'
42
43  class EscapePod(Scene):
44      def enter(self):
45          print(DIALOGUE["EscapePod_enter"])
46
47          good_pod = randint(1, 5)
48          guess = input("[pod #]> ")
49
50          if int(guess) != good_pod:
51              print(DIALOGUE["EscapePod_death"]
52                  .format(guess=guess))
53              return 'death'
54          else:
55              print(DIALOGUE["EscapePod_escape"]
56                  .format(guess=guess))
57
58              return 'finished'
59
60  class Finished(Scene):
61
62      def enter(self):
63          print("You won! Good job.")
64          return 'finished'
```

这就是游戏场景的剩余部分。由于这些场景都是事先计划好的，代码也就相当直接。顺便提一下，不要直接复制这些代码。我们之前说过，试着先自己独立完成。这里的代码只是为了演示最终结果。

代码 47.9: ex47.py

```
1  class Map(object):
2
3      scenes = {
4          'central_corridor': CentralCorridor(),
```

```
5            'laser_weapon_armory': LaserWeaponArmory(),
6            'the_bridge': TheBridge(),
7            'escape_pod': EscapePod(),
8            'death': Death(),
9            'finished': Finished()
10       }
11
12       def __init__(self, start_scene):
13           self.start_scene = start_scene
14
15       def next_scene(self, scene_name):
16           val = Map.scenes.get(scene_name)
17           return val
18
19       def opening_scene(self):
20           return self.next_scene(self.start_scene)
```

以上完成了 Map 类的实现。可以看到，它把每个场景的名称都保存在一个字典中，然后用 Map.scenes 来引用这个字典。由于字典中引用的内容必须是事先存在的，这也是为什么我先实现各个场景，再去实现 Map 的原因。

代码 47.10: ex47.py

```
1  a_map = Map('central_corridor')
2  a_game = Engine(a_map)
3  a_game.play()
```

最后，我们得到了这个游戏的完整代码。Map 已经实现，然后将它传递给 Engine，再调用 play() 方法，游戏就能正常运行了。

■ 运行结果

确保你理解了这个游戏，并且首先尝试自己去实现它。如果感到困惑，可以偷瞄一眼书中的代码稍微“作弊”一下，然后继续尝试自己解决问题。

■ 温故知新

（1）修改这个代码！也许你觉得这款游戏太暴力，或者你对科幻根本不感兴趣。那么，先让这个游戏运行起来，然后去随意修改它。这是你的计算机，你可以自己做主。

（2）这段代码中有个 bug，为什么门锁的密码要猜 11 次呢？

（3）解释一下房间切换的原理是什么。

（4）为难度大的房间添加通过的秘籍，应该能用一行代码实现。

（5）回到描述和分析部分，为英雄和哥顿人创建一个简单的格斗系统。

（6）这其实是一个小版本的“有限状态机”（finite state machine），找出相关资料阅读一下，尽管现在可能看不太懂，但还是尝试了解一下吧。

■ 常见问题

如何设计自己的游戏故事？

你可以自己编故事，就像给朋友讲故事一样，也可以从书籍或电影中找到一些你喜欢的场景。

习题 48 继承与组合

在英雄打败邪恶反派的童话故事中，总会有一个类似黑暗森林的场景——可能是一个山洞、一片森林、另一个星球，或者是一个大家都知道英雄不该去的地方。当然，一旦反派在剧情中出现，英雄就不得不进入那片危险的森林去消灭坏人。

你几乎不会看到那些总能巧妙避开麻烦的英雄出现在故事中。没有一个英雄会说："等等，如果我去冒险，把心爱的人留在这里，我可能会死，她就得嫁给那个讨厌的坏人。还是算了吧，我就在这里开个小店，平平安安过日子。"如果他真的这么做了，故事中就不会有火焰沼泽、死亡与重生、剑斗、巨人，或者任何引人入胜的情节。因此，这些故事中的森林就像一个黑洞，无论英雄如何挣扎，最终都会被吸进去。

在面向对象编程中，"继承"（inheritance）就是那片邪恶的森林。有经验的程序员知道如何避开这个邪恶之地，因为他们知道，在黑暗森林深处的继承，其实是邪恶女皇——"多重继承"。她喜欢用自己的血口尖牙咀嚼软件和程序员。但这片森林的吸引力是如此强大，几乎每一个程序员都想要进去探险，梦想着提着邪恶女皇的头颅走出森林，从而声称自己是伟大的程序员。你无法抗拒森林的魔力，于是你深入其中，而等你九死一生地冒险归来，唯一学到的就是要远远躲开这片森林。如果你不得不再次进入，那一定会带上一支军队。

讲这段故事，是为了告诉大家要尽可能地避免使用"继承"。正在森林中与邪恶女皇战斗的程序员可能会告诉你必须进去，他们这么说是因为他们需要你的帮助，因为他们所创造的东西可能已经无法独自应对。但你应该始终记住一点：大部分使用继承的场合都可以用组合取代或简化，而多重继承则需要不惜一切代价地避开。

■ 继承是什么？

继承是一种机制，用于使一个类能够继承其父类的大部分或全部特性。当我们写出 class Foo(Bar) 时，就实现了继承。这行代码的意思是："创建一个名为'Foo'的子类，并让它继承自一个名为'Bar'的父类。"此时，Python 会使你对 Foo 实例执行的任何操作，也像是在对 Bar 实例执行一样。因此，我们可以将一些通用的功能放在 Bar（父类）中，然后在 Foo（子类）中为其添加一些独有的功能。

当你使用继承时，父类和子类之间有三种可能的交互方式：

（1）子类的行为完全等同于父类的行为。

（2）子类的行为完全覆盖了父类的行为。

（3）子类的行为部分替换了父类的行为。

接下来，我将依次演示每一种情况，并提供相应的代码示例。

■ 隐式继承

首先，我将向你展示“当我们在父类中定义了一个函数，但没有在子类中定义”时会发生的隐式继承行为：

代码 48.1: ex48a.py

```
 1  class Parent(object):
 2
 3      def implicit(self):
 4          print('PARENT implicit()')
 5
 6  class Child(Parent):
 7      pass
 8
 9  dad = Parent()
10  son = Child()
11
12  dad.implicit()
13  son.implicit()
```

在 class Child 下面使用 pass，是一种在 Python 中创建空代码块的方法。这样我们就创建了一个叫 Child 的类，但没有在里边定义任何细节。在这里它将会从其父类继承所有的行为（功能）。运行代码的结果如下：

```
1  PARENT implicit()
2  PARENT implicit()
```

即使我在第 12 行调用了 son.implicit()，并且在 Child 中没有定义过 implicit 函数，但这个函数仍然能够正常工作，因为它在父类 Parent 中已经定义过了。这说明，如果将函数放到基类（父类）中（也就是这里的 Parent），那么所有的子类（例如 Child）将会自动获得这些函数功能。这将在需要定义许多类的时候，避免大量重复的代码。

■ 显式覆盖

隐式调用函数有一个问题——有时候我们需要让子类中的函数表现得与父类中的不同，而隐式继承无法做到这一点。在这种情况下，我们需要在子类中覆盖同名函数，以实现一些特定的新功能。要做到这一点，只需在子类 Child 中定义一个同名函数即可。请看下面这个例子：

代码 48.2: ex48b.py

```
1  class Parent(object):
2
3      def override(self):
4          print('PARENT override()')
5
6  class Child(Parent):
7
8      def override(self):
9          print('CHILD override()')
10
11 dad = Parent()
12 son = Child()
13
14 dad.override()
15 son.override()
```

在这个例子中，两个类都定义了 override() 函数，让我们看看运行后会发生什么：

```
1  PARENT override()
2  CHILD override()
```

如上所示，当运行到第 12 行时，调用的是 Parent.override() 方法，因为 dad 是 Parent 的实例。而当运行到第 13 行时，调用的是 Child.override() 方法，因为 son 是 Child 的实例，而子类中定义的 override() 函数取代了父类中的同名函数。

稍作休息，巩固一下这两个概念，然后继续往下学习。

■ 在运行前或运行后替换

第三种方法属于是第二种（显式覆盖）的一个特例。如果希望在父类中定义的内容运行之前或之后修改行为，首先像上例一样覆盖函数，其次用 Python 的内置函数 super() 来调用父类 Parent 中的版本。为了方便理解这段描述，我们还是先看一下例子：

代码 48.3: ex48c.py

```
1  class Parent(object):
2
3      def altered(self):
4          print('PARENT altered()')
5
6  class Child(Parent):
7
8      def altered(self):
9          print('CHILD, BEFORE PARENT altered()')
10         super(Child, self).altered()
11         print('CHILD, AFTER PARENT altered()')
12
13 dad = Parent()
14 son = Child()
15
16 dad.altered()
17 son.altered()
```

以上代码的关键是 Child 类中的第 7 ～ 9 行。当调用 son.altered() 时，Python 会执行以下操作。

（1）由于子类覆盖了 Parent.altered()，实际运行的是 Child.altered()，所以第 7 行的执行结果是预料之中的。

（2）我想在前后附加一些操作，因此在第 7 行之后使用 super() 来获取 Parent.altered() 这个版本。

（3）第 8 行调用了 super(Child, self).altered()，它知道你的继承关系，并且会访问到 Parent 类。这条语句可以理解为："用 Child 和 self 参数去调用 super()，然后使用返回的结果去调用 altered()。"

（4）此时 Parent.altered() 版本的函数运行，打印出 Parent 中定义的消息。

（5）最后，从 Parent.altered() 返回，Child.altered() 函数接着打印出后续的消息。

运行结果如下：

```
1  PARENT altered()
2  CHILD, BEFORE PARENT altered()
3  PARENT altered()
4  CHILD, AFTER PARENT altered()
```

■ 将 3 种方式组合在一起使用

为了演示上面的所有内容，我们来实现一个综合版本：

代码 48.4: ex48d.py

```
1  class Parent(object):
2
3      def override(self):
4          print('PARENT override()')
5
6      def implicit(self):
7          print('PARENT implicit()')
8
9      def altered(self):
10         print('PARENT altered()')
11
12 class Child(Parent):
13
14     def override(self):
15         print('CHILD override()')
16
17     def altered(self):
18         print('CHILD, BEFORE PARENT altered()')
19         super(Child, self).altered()
20         print('CHILD, AFTER PARENT altered()')
21
22 dad = Parent()
23 son = Child()
24
25 dad.implicit()
26 son.implicit()
27
28 dad.override()
29 son.override()
30
31 dad.altered()
32 son.altered()
```

请回到代码中，并在每一行代码的上方写一条注释，解释它的功能，标出它是否一个覆盖操作，然后运行代码，看看输出是否与预期一致：

```
1 PARENT implicit()
2 PARENT implicit()
3 PARENT override()
4 CHILD override()
5 PARENT altered()
6 CHILD, BEFORE PARENT altered()
```

```
7 PARENT altered()
8 CHILD, AFTER PARENT altered()
```

■ 使用 super() 的原因

到目前为止，一切都很正常。不过，接下来我们将要应对一个叫“多重继承”的大麻烦。多重继承是指当你定义的类继承了多个类，就像下面这样：

```
1 class SuperFun(Child, BadStuff):
2     pass
```

这相当于：“创建一个叫‘SuperFun’的类，让它同时继承 Child 和 BadStuff 这两个类。”

这里一旦在 SuperFun 实例上调用任何隐式操作，Python 就必须回到 Child 和 BadStuff 的类层次结构中查找可能的函数，而且必须要用固定的顺序去查找。为实现这一点，Python 使用一种叫“方法解析顺序”（Method Resolution Order, MRO）的机制，并采用了一种叫 C3 的算法。

因为有复杂的 MRO 机制和可靠的算法，我们无须费心处理 MRO 的工作。相反，使用 Python 提供的 super() 函数，就可以在各种需要修改特定行为的场合，处理所有这些事情，就像我们在前面 Child.altered() 中做的那样。有了 super()，我们再也不用担心弄乱继承关系，因为 Python 会为我们找到正确的函数。

■ super() 和 __init__ 搭配使用

super() 最常见的用法是在基类的 __init__() 函数[①]中使用。通常这也是唯一可以进行这种操作的地方。在这里，我们需要在子类中做一些事情，然后在父类中完成初始化。下面是一个在 Child 中完成上述行为的例子：

```
1 class Child(Parent):
2 
3     def __init__(self, stuff):
4         self.stuff = stuff
5         super(Child, self).__init__()
```

与 Child.altered() 示例类似，只不过这里我们在 __init__() 中先定义了一个变量，然后才让 Parent 用 Parent.__init__() 完成初始化。

---

① __init__() 函数中为双下画线。

■ 组合

继承是一种很有用的技术，但还有一种实现相同功能的方法，就是直接使用别的类和模块，而非依赖隐式继承。回顾一下，我们有 3 种使用继承的方式，其中有两种会通过新代码覆盖或替换父类的功能。其实，这可以很容易通过调用模块里的函数来实现。下面是一个实现组合的例子：

代码 48.5: ex48d.py

```
1  class Other(object):
2
3      def override(self):
4          print('OTHER override()')
5
6      def implicit(self):
7          print('OTHER implicit()')
8
9      def altered(self):
10         print('OTHER altered()')
11
12 class Child(object):
13
14     def __init__(self):
15         self.other = Other()
16
17     def implicit(self):
18         self.other.implicit()
19
20     def override(self):
21         print('CHILD override()')
22
23     def altered(self):
24         print('CHILD, BEFORE OTHER altered()')
25         self.other.altered()
26         print('CHILD, AFTER OTHER altered()')
27
28 son = Child()
29
30 son.implicit()
31 son.override()
32 son.altered()
```

在代码中，我们没有使用 Parent 这个名称，因为这里不是父类和子类那种“A 是 B”的关系，而是一个“A 里有 B”的关系，比如代码中 Child 里有 OTHER 来完成需要的功能。运行代码，我们可以看到如下输出：

```
1  OTHER implicit()
2  CHILD override()
3  CHILD, BEFORE OTHER altered()
4  OTHER altered()
5  CHILD, AFTER OTHER altered()
```

可以看出，Child 和 OTHER 中的大部分内容是一样的，唯一不同的是我们需要定义一个 Child.implicit() 函数来完成它的功能。在此，我会问自己：“这个 Other 是写成一个类合适呢，还是直接写入一个叫‘other.py’的模块更合适呢？”

■ 继承和组合的应用场景

“继承与组合”说到底是为了解决代码复用的问题。我们希望避免在软件中到处复制粘贴代码，这样既不整洁也不高效。继承通过建立父类和子类的关系，让子类可以继承父类的功能；而组合则是通过将功能模块化，然后在需要的地方调用这些模块，从而达到类似的效果。

那么，当两种方案都能解决代码复用问题时，应该选择哪一种呢？这个问题没有绝对的答案，更多是基于具体情况的判断。以下是一些指导原则，可以帮助你在两者之间做出选择。

（1）尽量避免多重继承：多重继承会增加代码的复杂性，导致难以维护和调试。如果必须使用多重继承，那就需要深入理解类的层次结构，并准备好花时间去厘清各个部分的关系。

（2）使用组合来模块化代码：如果某些代码需要在不同的地方和场合使用，组合是一种更灵活的方式。通过将功能封装到独立的模块或类中，可以方便地在不同的上下文中复用这些功能。

（3）在有明确关联的情况下使用继承：当代码的可复用部分有清晰的层次关系时，可以考虑使用继承。但如果遇到一些不可避免的情况需要使用继承，不要犹豫，大胆使用即可。

需要注意的是，这些规则并非绝对，不要成为规则的“奴隶”！面向对象编程并不是一成不变的，程序员在创建软件和共享代码时，往往需要根据具体情况灵活应对。因为编程是一种社交行为，有时可能由于团队合作的需要，你会被迫打破这些规则。这时，观察别人使用某种方案的方式，灵活适应，最终达成有效的合作，才是最重要的。

■ 温故知新

本节只有一个巩固练习，但这个练习很重要。去读一读 http://www.python.org/dev/peps/pep-0008/（中文版 https://fishc.com.cn/thread-139746-1-1.html）并尝试在你的代码中遵循这些规范。你可能会发现其中一些内容与本书的风格有所不同，不过现在你应该能够理解他们的建议，并在自己的代码中应用这些规范。需要注意的是，本书剩下的部分可能没有完全遵循 PEP 8 的所有指导原则，这是因为有时严格遵循这些规范反而会让代码变得更难理解。我建议你在编写代码时也采取类似的态度：在保证代码清晰易懂的前提下，尽量遵循规范。毕竟，理解代码比机械地遵循风格规则更为重要。

■ 常见问题

如何更好地解决前面提到的问题？

提高解决问题能力的唯一方法就是让自己得到尽可能多的历练。很多时候，人们遇到难题时会寻求外部帮助。当你手头的事情非要完成不可时，这样做是无可厚非的，但如果你有时间自己解决，那就先花时间自己解决。停下手上的活，专注于你的问题，尝试用各种可能的方法去解决它，不管最后是否成功，都要尽自己最大的努力。经过这样的过程找到的答案会让你更满意，最终解决问题的能力也会显著提高。

对象是不是就是类的副本？

在某些语言中是这样的，比如 JavaScript。这类语言被称为原型（prototype）语言，在这种语言中，类和对象除了使用方式不同外没有太多区别。不过在 Python 中，类更像是用来创建对象的模板，就像用来铸造硬币的模具一样。

习题 49 开发你的专属游戏

现在，你需要开始学习如何独立解决问题了！在阅读本书的过程中，你应该已经意识到，所有你需要的信息都可以在互联网上找到。唯一的挑战可能是如何使用正确的关键词进行搜索。相信随着学习的深入，你在选择搜索关键字方面会越来越得心应手。现在，是时候尝试开发一个稍大的项目，并让它运行起来了。

以下是项目的需求。

（1）制作一款与前面完全不同的新游戏。

（2）使用多个文件，并通过 import 来调用它们。确保自己熟悉 import 的用法。

（3）每个房间使用一个类，并确保类的命名能够清晰地反映它的用途（例如 KoiPondRoom 和 GoldRoom）。

（4）运行器（runner）应该能够管理这些房间，因此需要创建一个类来调用并记录这些房间。有很多方法可以实现这一点，比如让每个房间返回下一个房间，或者设置一个变量来指示下一个房间。

其余部分就全靠你自己了。花一周时间来完成这项任务，制作出你能够做到的最好的游戏。运用你学过的所有知识（类、函数、字典、列表……）来改进程序。本节习题是教你如何构建并调用其他 Python 文件中的类。

注意，我不会详细告诉你应该如何去做，这需要你自己来完成。动手尝试吧，编程就是解决问题的过程，这意味着你要尝试各种可能性，进行实验，经历失败，然后推倒重来。当你在某个问题上卡住时，可以向别人寻求帮助，把自己的代码展示给他们看。如果有人对你不友好，不要理会他们，只要专注于那些愿意帮你的人。持续修改和清理你的代码，直到它足够优秀，然后将它展示给更多的人。

祝你好运，一周后带着你的游戏，我们再继续前行。

■ 评估你的游戏

在本节习题中，你需要评估自己开发的游戏。也许你在开发过程中遇到了一些困难，或者勉强让它运行了起来。不管怎样，我们都会回顾一些你现在应该掌握的知识，并确保你在游戏中涵盖了这些内容。我们将学习如何使用正确的格式来构建类，并遵循常见的类约定。此外，还有许多理论知识需要你掌握。

你可能会问，为什么我要让你先自己尝试，然后告诉你正确的做法呢？这是因为，从现在开始，我希望你能够逐步培养独立解决问题的能力。以前的学习过程中，我会更多地引导你，但从现在起，你需要学会自己完成任务。接下来的习题只会给出你需要完成的目标，而如何实现它们，取决于你自己的探索和尝试。完成后，我会帮助你发现可以改进的地方。

一开始，你可能会觉得有些困难，甚至感到沮丧，但这些都是正常的。只要坚持下去，你就会逐渐掌握独立解决问题的技巧。你将能够找到属于自己的解决方案，而不仅仅是简单地从书本上复制代码。

■ 函数风格指南

前面我们讲过的关于如何编写好函数的规则在这里仍然适用，不过还要增加以下几点。

- 由于各种原因，程序员通常将类中的函数称为“方法”（method）。这在很大程度上只是一个推广 OOP 思想的术语。不过，如果我们将类中的“方法”称为“函数”，可能会有人跳出来纠正“错误”。如果他们得寸进尺，你可以让他们具体解释一下“函数”和“方法”到底有什么不同，这样他们很可能会很快闭嘴。
- 在使用类时，大部分时间都花在讨论如何让类“做事情”上。因此，为这些函数命名时，与其使用名词，不如使用动词。就像列表的 pop() 函数，它相当于在说：“嘿，列表，把这东西给我弹出去。”它的名字并不是 remove_from_end_of_list()，尽管它的功能实现确实这样，但这并不是对列表的命令，所以 pop() 会更合适。
- 让函数保持简单小巧。不知道为什么，当人们开始学习类和对象之后，常常会忘记这一点。

■ 类风格指南

- 类名应该采用“驼峰式”（CamelCase）命名法，例如使用 SuperGoldFactory 而不是 super_gold_factory。
- 在 __init__() 中，不应该做过多的事情。
- 类中的其他函数应该使用“下画线分隔法”命名，例如可以写 my_awesome_hair 而不是 myawesomehair 或者 MyAwesomeHair。
- 使用一致的方式组织函数的参数。如果类需要处理 users、dogs 和 cats，就保持这个次序（除非有特殊情况）。如果一个函数的参数是 (dog, cat, user)，而另一个是 (user, cat, dog)，这会让函数的使用变得困难。

- 不要使用来自模块的变量或全局变量，你的类应该是相对独立的。
- 避免愚蠢的一致性。虽然一致性是好的，但盲目遵循一些不合理的规则是不明智的，我们要有自己的独立判断。
- 始终使用 class Name(object) 的格式，否则可能会遇到麻烦。

■ 代码风格指南

- 为了方便他人阅读，请在代码中保留一些垂直空白。有些程序员写的代码虽然语法正确，但字符之间没有任何间隔。这在任何语言中都是不好的风格，因为人眼和大脑需要空间和垂直对齐来扫描和分离视觉元素。如果你的代码里没有任何空白，这相当于给代码穿上了“迷彩服”。
- 如果一段代码无法流畅地朗读，那么这段代码的可读性就有问题。如果无法找到让某个代码片段变得清晰的方法，可以试着将它朗读出来。这样不仅会迫使你慢速且仔细地阅读代码，还会帮你找到难以理解的部分，从而知道哪些代码需要改进。
- 先学着模仿他人的风格编写 Python 程序，直到有一天找到自己的风格为止。
- 一旦建立了自己的风格，也别太过固执。程序员工作的一部分就是与他人的代码打交道，有些人的审美确实不尽如人意。相信我，你的审美在某些方面也可能存在不足，只是自己没有意识到而已。
- 如果发现某人的代码风格你很喜欢，可以试着去模仿。

■ 好的注释

- 有些程序员会告诉你，代码应该易读，不需要注释。然后他们会用最正式的语气说：“因此，一个人永远不应该写注释或文档，已证明！”这些程序员要么是顾问，当别人无法理解他们的代码时，他们反而能赚更多钱；要么是无法与他人合作的无能之人。请无视他们的言论，专注于编写清晰的注释。
- 写注释时，描述清楚为什么要这样做。代码只会告诉你“怎么做”，而不会告诉你“为什么这样做”。而后者往往比前者更为重要。
- 为函数写文档注释时，记住是写给需要使用你代码的人看的。不需要写得很复杂，一句简短的描述，说明这个函数能做什么事情，这对他人就会有很大的帮助。

- 虽然注释是好东西，但太多的注释反而不见得好。而且，注释是需要维护的，要尽量让注释简洁明了、一语中的。如果对代码进行更改，记得检查并更新相关的注释，确保它们依然正确。

■ 评估你的代码

假设你是我，请以非常严肃的态度，将你的代码打印出来。然后拿一支红笔，把代码中的所有错误都标记出来。充分利用你在本节习题以及前面习题中学到的知识。批改完成后，修正所有的错误。重复几次，争取找出更多可以改进的地方。使用前面教过的方法，把代码分解成最细的单元并逐一分析。

本节习题的目的是训练你关注类的细节程度。检查完自己的代码后，找一段别人的代码，用同样的方法检查一遍。将代码打印出来，找出所有代码和风格上的问题，然后试着在不破坏别人代码功能的前提下进行修改。

这一周你的任务就是评估和修改代码，包括你的代码和别人的代码，没有其他事情。这道习题的难度不小，但一旦完成，你所学的知识就会牢牢刻在脑海里。

习题 50 自动化测试

在本节习题中，我们将学习如何创建自动化测试。自动化测试是一种代码，它会运行其他代码并确认这些代码是否正常工作。作为程序员，提高工作效率的关键方法之一就是将手动操作变为自动化，而测试是最容易实现自动化的任务之一。一旦我们有了一个完善的自动化测试套件，每次更改代码时都可以运行它，确保系统依然正常工作。

■ 测试的目的是什么

人们出于不同的原因和编程风格推崇测试，但根据我的经验，自动化测试的最大好处是：一套完整的自动化测试可以确保新代码不会破坏旧代码。

当我们更改代码时，新的代码可能会破坏之前编写的其他代码。随着软件规模和开发团队的扩大，这种可能性会不断增加。团队人数一旦超过两人，就可能出现一个人的更改破坏另一个人的代码的情况。如果有几个相互依赖的模块，其中一个模块的更改也可能导致其他模块出现问题。

这就是测试的重要用途：我们可以完全重写旧代码，因为通过测试可以确保一切正常工作。

此外，自动化测试还能带来以下额外好处。

（1）它是自动化的，因此我们不需要浪费时间重复输入相同的内容。

（2）它是一致的，因此我们不会遗漏任何测试。

（3）自动化测试可以帮助我们发现 API 中的错误或者设计上的缺陷，但如果我们的测试方法已经非常高效和全面，那么这种情况应当较少发生。

（4）它可以让我们从全新的角度看待代码，帮助简化代码。如果测试结果令人失望，那么也许应该考虑重写代码了。

■ 如何高效测试

那么，如何才能最有效地进行测试呢？以下步骤可以帮助你以最小的投入获取最大的收益。

（1）编写测试时，假装自己是用户——无论这个用户是访问网站的普通用户，还是调用 API 的开发者。你的测试应该模拟一个真实的用户，执行正确和错误的操作，确保系统在各种情况下都能正常运行。

（2）尽可能多地制造错误，并确保这些错误能够被系统正确捕捉和报告。例如，在注册表单中输入错误的电子邮件地址、用户名和密码，然后检查系统是否会给出相应的错误提示。如果在后续的代码更改后，系统未能报告这些错误，这意味着系统可能没有正确检测到错误。

（3）使用代码覆盖率工具，确保你的测试覆盖了大部分代码，尤其错误处理部分。覆盖率报告可以帮助你找到未受测试保护的代码区域，从而确保测试的全面性。

（4）对于任何无法覆盖的代码，进行分析并决定是删除它们，还是为它们编写单独的测试。如果这些代码在用户界面中无法触发，那么它们为什么存在？“以防万一”的代码通常是潜在的安全隐患，最好删除它们。如果这些代码确实有必要存在，可以在需要时再加回来。如果这些代码是在后台任务中运行或不由用户直接触发，那么应为它们编写专门的测试。

（5）如果你的代码依赖第三方服务，那么编写测试以确认这些服务是否正常工作。你可能难以想象有多少公司或个人会在没有提前通知的情况下更改他们的服务。一个检查这些服务的测试可以为你节省大量的停机时间。这类测试的问题在于，它们通常无法在常规的开发工作流中运行。最好是在监控工具或其他不频繁检查的服务中单独运行这些测试。如果频繁地检查服务，可能会导致服务宕机——更糟糕的是——可能会因意外发送数千个请求而产生巨额费用。

如果你是独立开发者，那么只需执行第（1）步至第（3）步即可；但随着代码量的增加，你可能需要开始执行其余步骤。这些步骤并不是测试软件的全部内容，因为光是这方面的知识，就足够写一本书了。

■ 安装 pytest

在 Python 中，最佳的测试工具是 pytest，我们可以使用 conda 来轻松安装它：

```
1  conda activate lpythw  # 别忘了这个
2  conda install pytest
```

我们还需要安装一个名为“coverage”的工具，它可以告诉我们测试是否覆盖了所需的代码：

```
1  # 别忘记激活
2  conda install pytest-cov
```

在学习编写一个简单的测试之后，将会教你如何使用覆盖率工具。

■ 简单的 pytest 案例

为了完成这个简单的测试，我们需要两个文件，即一个包含一些代码的文件和一个用来测试的 ex50_test.py 文件。我们将使用之前的 Person 类来实现一个简单的战斗系统：

代码 50.1: ex50.py

```
 1 class Person:
 2     def __init__(self, name, hp, damage):
 3         self.name = name
 4         self.hp = hp
 5         self.damage = damage
 6
 7 def hit(self, who):
 8     self.hp -= who.damage
 9
10 def alive(self):
11     return self.hp > 0
```

测试代码将从 ex50 模块中导入 Person 类，然后确认拳击手可以击中一个名叫“Zed”的僵尸：

代码 50.2: ex50_test.py

```
 1 from ex50 import Person
 2
 3 def test_combat():
 4     boxer = Person("Boxer", 100, 10)
 5     zombie = Person("Zed", 1000, 1000)
 6
 7     # 这些 assert 很糟糕，请修复它们
 8     assert boxer.hp == 100,"Boxer has wrong hp."
 9     assert zombie.hp == 1000,"Zombe has wrong hp."
10
11     boxer.hit(zombie)
12     assert zombie.alive(),"Zombie should be alive."
13
14     zombie.hit(boxer)
15     assert not boxer.alive(),"Boxer should be dead."
```

Python 的 assert 关键字是用于检查一个表达式是否为真，如果表达式为假，则中止执行。PyTest 使用 assert 来测试 Person 类是否按照预期工作，从而不必记

住许多测试函数。assert 的格式是：

```
1  assert TEST,"MESSAGE"
```

当 TEST 的结果为假时，Python 将打印 MESSAGE 的内容并抛出异常。如果需要提供更多信息，MESSAGE 也可以支持 f-string 格式。

■ 运行 pytest

如果直接运行 ex50_test.py 文件，它将不会产生任何输出。我们需要使用 pytest 命令来运行它：

```
1  pytest ex50_test.py
```

pytest 非常智能，它可以自动找到需要测试的文件，因此我们也可以只运行 pytest，它会找到并运行任何以 test_ 开头或以 _test.py 结尾的文件。你可以自己尝试一下，看看是否能得到相同的结果。

■ 异常和 try/except

异常是代码报告错误的一种机制。异常在出现错误的地方被“抛出”，然后被其他处理错误的代码“捕获”。以下代码演示了“抛出”和“捕获”这两种操作的过程：

代码 50.3: ex50_except.py

```
1  # 第一部分
2  try:
3      count = int("hello")
4  except ValueError:
5      print("Bad number given.")
6  # 第二部分
7  try:
8      assert 1 == 2,"One does not equal 2"
9  except Exception as what:
10     print("assert throws", type(what))
```

第一部分会由于 int("hello") 而失败。通常会输出一个错误消息并导致 Python 退出，但我们通过 try 和 except 来“包裹”它，以“捕获”这个错误并做出特定的处理（打印 "Bad number given." 字符串）；第二部分将输出 assert 抛出的内容，即 <class 'AssertionError'>。

以下是前面段代码完整运行的结果：

```
1 Bad number given.
2 assert throws <class 'AssertionError'>
```

在 Python 中，异常处理无处不在，你很可能在接下来的课程中会需要它们。异常处理并不复杂，只需阅读官方 Python 文档（也可以参考 Python 内置异常大合集 https://fishc.com.cn/thread-211613-1-1.html），这里包含了所有你需要的信息。

■ 获取覆盖率报告

你可以通过 pytest-cov 来获取测试的覆盖率报告。要获取基本报告，只需要添加参数 --cov=DIR 即可，其中 DIR 是要分析的代码目录。注意，这里指的是代码目录，而不是测试目录。因此，我们的设置非常简单，直接使用 . 表示当前目录：

```
3 pytest --cov=.
```

这将打印出测试结果，并附带一个表格，显示目录中所有文件以及有多少代码被测试覆盖。下面是我们当前目录中的一个小样本：

```
 4 Name                    Stmts   Miss  Cover
 5 -----------------------------------------
 6 ex39.py
 7 ex40.py
 8 .. many files cut..
 9 ex50.py
10 ex50_except.py              8      8     0%
11 ex50_test.py               10      0   100%
12 -----------------------------------------
13 TOTAL                     668    584    13%
```

我从输出中删减了很多文件，但你可以看到它显示某些文件的覆盖率是 0%，而其他的是 100%。我们还可以通过传递 --cov-report=html 将结果生成一个 HTML 报告：

```
1 pytest --cov-report html:coverage --cov=.
```

命令执行后将在名为“coverage”的目录中，保存一个 HTML 格式的覆盖率报告，可以通过以下方式查看：

```
1 # PowerShell 使用 start
2 start coverage/index.html
3 # macOS 使用 open
4 open coverage/index.html
```

这应该会在你的浏览器中打开报告，如果单击其中一个文件，它会显示出哪些行被测试过，而未测试的行会以红色突出显示。

■ 温故知新

本节的示例虽然只是用于教学，但它可以大幅度改进，使其在以后的使用中更加实用。

（1）让这个测试以各种方式出错，以便你掌握各种出错后的情况。尝试破坏 ex50_test.py 和 ex50.py 文件。例如，在 ex50.py 中进行错误的数学计算，导致 self.hp 出错；然后在 ex50_test.py 中尝试给 assert 提供错误的数据。

（2）assert 消息没有告诉你为什么它们是错误的。“Boxer has wrong hp.”应该说明 hp 是多少，以及为什么应该是这样。使用 f-string 让它打印出更多相关信息。

（3）测试代码直接检查对象内部的值，但这样做通常会使测试变得难以维护。最好不要直接访问对象的内部值，而是通过外部函数来确认一切是否正常。

（4）一个非常有用的做法是在 Person 类中添加一个 __invariant__() 函数。这源于 Bertrand Meyer 创建的一种称为契约式设计的编程风格，我们在代码中添加检测机制来确认事物是否按预期工作。__invariant__() 函数的任务是检查 Person 对象的内部状态，确保没有“不良”条件。例如，它可以确认 self.damage 永远不为 0，并且当 self.hp > 0 时，说明这个角色是“活着”的。编写一个 __invariant__() 函数，然后在你的测试中调用它，并使用 assert 检测 Person 对象的内部状态。

（5）另外，Person 类没有提供任何错误检查。如果你给某个角色设定 -100 的伤害值会怎样？负数的伤害值可能会导致“治疗”效果吗？在你的 __init__() 和其他函数中添加一些 assert 来防止错误输入，然后使用 try/except 来确认这些检查是否生效。

■ 常见问题

我需要先写测试吗？

有些测试狂热者推崇“测试先行”方法，声称写代码前必须先写测试。然而，实践中很少有人严格遵守这一点。通常，他们会先编写一个“试验代码”，这是一段临时代码，用来探索问题。然后，他们基于这个试验代码编写测试，最后基于测试和试验代码来编写正式代码。因此，他们其实并没有真正遵循“测试先行”的原则。所以，任何提出绝对化建议的人通常都是没有完全实践这些建议的。

什么时候应该写测试？

我的建议是从你已经知道的地方开始。如果你知道如何编写代码，但不确定结果是什么，那就先写代码。如果你知道如何与代码交互，但不清楚它们是如何工作的，那就先写测试。从你所知的地方开始，起步通常是最难的部分。

如何才能使我的代码 100% 正确？

你无法做到。没有软件能够 100% 完美，任何声称他们的方法、编程语言或系统能够产生“正确”或“完美”软件的人都在向你出售幻想。你唯一能做的就是降低缺陷的可能性，而测试有助于实现这一点。

必须做到 100% 的代码覆盖率吗？

不，这不是绝对必要的，但如果你能做到，那将有助于降低代码缺陷的可能性。覆盖率的主要目标是确保代码的所有分支都得到有效检查。要避免的是测试某一行代码 200 次，但却忽略了 30 行错误处理代码。覆盖率可以帮助我们规避这些情况并提高测试的效率，但它不是整体测试质量的衡量标准。它只是测试效率的一个指标和基本的质量目标。

有人说应从最小的单元开始测试，永远不要测试界面，是否正确？

确实有这种说法，但提出这些建议的人通常是按小时收费的顾问。你可以尝试他们的建议，但要用数据来验证他们的说法。尝试使用不同的风格编写一些测试，使用覆盖率工具来查看测试代码的频率和测试的内容，并记录实现目标所需的时间。当你完成这些后，就可以根据这些数据找到最适合自己的测试方法。

习题 51 数据清洗

到目前为止，你已经对 Python 有了充分的了解。虽然你可能还不够自信，也没有完全掌握 Python 的所有语法，但这很正常。事实上，许多使用 Python 的专业人士可能都不知道可以使用 dis() 查看 Python 的字节码，甚至不了解 Python 存在字节码这一概念。考虑到你已经掌握了如何分析 Python 处理代码时的字节码，我可以说，你的知识储备已经超过了许多当前的 Python 程序员。

这是否意味着你已经擅长 Python 了呢？并不完全是。仅仅记住一些编程语言的零碎知识，并不意味着你能够熟练使用该语言。要成为一名合格的程序员，必须将对 Python 工作原理的理解与实际编写软件的能力结合起来。编程是一种创造性的实践，类似音乐、写作和绘画。你可以记住吉他指板上的每一个音符，但如果你不能弹奏这些音符，就不能说你会弹吉他。你可以记住英语语法的每一条规则，但如果你不能写出引人入胜的故事或论文，那么你还是不会写作。你可以记住每种颜料的特性，但如果你不能使用这些颜料画出一幅肖像画，那么也不算是会绘画。

本章节的目标是带你从“我了解 Python”迈向“我可以用 Python 开发软件”。我会教你如何将想法转化为可运行的软件。但我要提醒你，这个过程可能会令人非常沮丧。许多初学者发现，清楚地表达自己的想法已经很难，更不用说将这些想法转化为软件了。你需要通过不断练习来提高表达想法的能力，必须一次又一次地练习，直到得心应手为止。这就是为什么学习的过程如此令人沮丧，因为在最终取得突破之前，你很难感觉到自己的进步。

为了实现这个目标，我将在接下来的几个习题中展示以下三件事。

（1）解决一个抽象或定义不明确的挑战。不要把这些挑战当作在故意为难你。我会告诉你任何我认为你需要知道的内容。这些挑战是“宽松的”，所以你可以自由找到自己的解决方案。由于没有给出一个确切的问题，因此也不会有唯一的标准答案。

（2）引入一个新的高级 Python 概念，帮助你改进解决方案。我建议你先用任何你能想到的方式创建第一个版本，然后通过使用新学到的 Python 概念来开发一个更高级的版本。

（3）探索更多的技术，帮助你更轻松地解决问题。作为程序员，能够根据需要探索并学习新技术的能力非常重要，这也是编程的乐趣之一。

在第一个习题中，我会描述一个将你的想法转化为代码的过程。这个过程非常重要，你需要仔细阅读并使用它，直到对自己的技能充满信心为止。

当你熟悉这个过程后，可以根据自己的工作习惯对其进行调整，或者尝试用新的方法将你的想法转化为代码。

■为什么要进行数据清洗

在本节习题中，我将向你介绍我最喜欢的一个主题——数据清洗。数据清洗是使用代码来清理不良数据，以供系统的其他部分使用的实践。不仅在数据科学领域，其他类型的编程开发也常常涉及数据清洗的操作。数据清洗几乎是一个完美的初学者编程主题，原因如下。

（1）这个概念几乎每个人都能理解。

（2）通常你有足够的时间来处理它，并且可以反复与问题互动，直到解决为止。

（3）这个过程很容易自动化和测试。

（4）代码往往比较复杂，主要是因为输入数据本身非常复杂。

（5）在许多数据科学项目中，数据清洗仍然是一个关键环节，因为没有干净的数据就无法进行科学研究。

提示：当你进行数据清洗时，实际上是在执行一个称为“提取、转换和加载”（ETL）的过程。本次习题主要涉及提取阶段，在这个阶段，我们需要从各种媒介中提取数据。通常我们会以友好的格式接收数据，如JSON或CSV文件。但在最复杂的情况下——有时也是最具挑战性的情况下——媒介并没有提供任何可用的格式，我们必须手动提取所需的内容。

■问题描述

现在我是你的经理，昨晚开着特斯拉回家时突然想到一个主意。于是我走进你们团队的办公室，嘟囔了一句：“做一个关于美国啤酒消费的移动服务。”然后我就走出去了。你们团队马上开了个会，决定实施这个绝妙的想法。会后，高级开发人员给你布置了一个任务：找出每个月美国生产的啤酒数量，但你只能从烟酒枪炮及爆裂物管理局（Bureau of Alcohol, Tobacco, Firearms and Explosives, ATF）获取PDF格式的数据。虽然ATF提供Excel（.xls）格式的数据，但高级开发人员告知你只能使用PDF格式，因为“我们在2010年购买了Adobe Acrobat的许可证。”

啤酒统计数据来自ATF的TTB部门，可以在ttb.gov上找到。但请使用我提供的2022年数据副本作为本次挑战的内容，网址为https://learncodethehardway.com/setup/python/ttb/。

你的任务是下载该PDF并提取以下数据。

- 报告所覆盖的时间段。
- 生成报告的日期。
- 当前月生产量、前年同期生产量、累计生产量。
- 当前月末、前一年的月末库存量。
- 计算生产量与月末库存量的差异，以确定当月的实际销售量。

为帮助你开始这个项目，我推荐使用pdftotext项目。当然，你也可以自由使用任何能够从PDF文件中提取文本的工具。

■ 安装

使用conda安装pdftotext库：

```
1  conda activate lpythw
2  conda install pdftotext
```

■ 如何编写代码

在课程快结束时解释如何编写代码，可能看起来有些奇怪。但实际上，这是初学者最容易遇到困难的地方。为了让代码正常工作，我们可以遵循一个特定的流程，从开始到最终完成软件。虽然这个流程不会让你一次性编写出最好的软件，但在完成后，我们应该重写解决方案，进入下一轮迭代。如果能再次完成这个流程，你将对自己的编程技能充满信心，而不是觉得自己只是靠运气所得。

以下是一个适合初学者的可行流程。

（1）立即创建一个文件或项目：信不信由你，许多学生会坐在那里盯着屏幕，却没有打开任何文件。简单地创建一个文件或一个空项目就足以让你开始工作。

（2）将问题的描述输入文件中：可以直接复制原文，或用自己的话来表述。在写入文件之前，可能需要更多地以自己熟悉的方式来处理这一步骤。比如，你擅长绘图吗？如果擅长，尝试将问题绘制成图表的形式。你喜欢写作吗？那就尝试给自己写一封描述问题的电子邮件。然后将你所描述的内容写入文件中，以便后续将其转换成代码。

（3）将描述转换为一系列注释，描述解决方案的每一步：将第（2）步的描述分解为每个步骤的独立行，然后添加任何你认为遗漏的额外步骤。

（4）选择一个你能做的步骤，在注释下面写出可能解决该步骤的“伪代码”（pseudocode）：伪代码是看起来比较“粗略”的假代码，它是你需要编写的Python代码的大致草图，所以不必担心语法或正确性。

（5）将伪代码转换为Python代码：一旦你有了一两行伪代码，就将其转换为能够完成所需任务的Python代码。此时，应该反复运行你编写的Python代码。不要在写了很多行代码之后才去运行程序。如果你写了很多行代码并且遇到许多错误，请考虑删除它们并重写。

（6）继续下一个步骤：转到下一个注释，继续在注释下写出伪代码，然后转换为实际可执行的Python代码，运行并检查，重复这个过程直到完成整个解决方案。

（7）随时修改代码：在这个流程中，你常常需要回到前面的行进行修正，这并不是“错误”，因为编程需要随着你获取更多信息而不断修正。

最终完成后，再完整审视一遍代码，并做最后的清理和优化。许多程序员在完成代码后不会花时间去清理和优化他们的代码，这会导致代码质量下降。如果我们愿意花时间清理无用的代码，修正注释，并尽可能简化代码，代码的质量将会更高，我们也会因此领先于那些不做这一步的程序员。

当你得到了一个解决方案后，休息一会儿，然后从头再做一次。这次你不必删除代码，但至少将它先挪到一边，尝试在不参考的情况下重新编写。如果你不断重复这个过程，会逐渐达到一个境界，在大多数情况下可以直接编写出解决方案，而不需要按照这些详细的步骤来做。即使是我，在遇到令我迷茫的问题时，仍然会使用这个流程开发程序。

如果你觉得再次从头做一遍有些无聊，可以给自己设定一个小挑战。你可以尝试使用一种新技术，或者选择一个类似但稍有不同的问题来解决。或者，你也可以不用立刻重新开始，等到你觉得有兴趣或有感觉的时候再回来继续。

■ 流程示例

现在让我们通过一个小例子来演示这一流程。先创建一个名为“ex51.py”的文件，并立即填入以下内容：

```
1  Your job is to download that PDF and extract the following data:
```

```
2
3  * Reporting Period
```

作为演示，这里只做第一个任务，其余部分将由你来完成。

接下来，我将其转换为注释，但会将“下载”改为“打开”，因为文件我们是手动下载的：

```
1  # 打开 PDF
2  # 提取报告所覆盖的时间段
```

然后，我将这些步骤进一步扩展，直到它们变成一个完整的计划：

```
1  # 导入所需的模块
2  # 打开 PDF
3  # 转换为文本
4  # 找到 Reporting Period
5  # 打印出来
```

现在我们有了一组明确的步骤，可以在每个注释的下面放置一些伪代码。通常我会在所有步骤下放置伪代码，但由于这是一本文字类书籍，如果我这么做，本书的篇幅可能会增加到至少 900 页。

```
1  # 导入所需的模块
2  import pdftotext
3  import sys for argv
4
5  # 打开 PDF
6  infile = open sys argv[1]
7
8  # 转换为文本
9  pdf = pdftotext infile
10
11 lines = split pdf
12
13 # 找到 Reporting Period
14 for line in lines
15     if line starts with "Reporting Period"
16         # 打印出来
17         print line
```

你可能注意到，伪代码与 Python 代码非常相似。一旦有了伪代码，将其转换为 Python 代码就非常简单了：

代码 51.1: ex51.py

```
1  # 导入所需的模块
```

```
2  import pdftotext
3  import sys
4
5  # 打开 PDF
6  infile = open(sys.argv[1],"rb")
7
8  # 转换为文本
9  pdf = pdftotext.PDF(infile)
10
11 lines = "".join(pdf).split("\n")
12
13 # 找到 Reporting Period
14 for line in lines:
15     if line.startswith("Reporting Period"):
16         # 打印出来
17         print(line)
18     else:
19         print(line)
```

目前代码是不完整的，因为它只打印了一行内容，而你还需要获取下一行内容。这是故意为之的，所以你需要自己解决这个问题。我建议你花时间让这段代码正常工作，然后尝试解决给定的问题，从输入中获取报告所覆盖的时间段（Reporting Period），它应该在下一行。

■ 解决方案策略

最简单的办法是找出输出中包含数字的行，并提取出正确的数字。这是一个很好的起点，可以让你开始工作，但通过计数行数来获取数据并不是一种可靠的方法。它可能在一个 PDF 上有效，但也可能因为下个月某个字段的位置移动而失效。

接下来，你可以尝试使用以下两个正则表达式：

```
1  numbers = re.compile(r"^[,\d\s]+$")
2  ignore = re.compile(r"^\s*$")
```

使用 .match() 函数来判断一行中是否包含数字或者是否应该被跳过，例如：

```
1  numbers.match(line)
2  ignore.match(line)
```

正则表达式是一种用于匹配输入模式的工具，学习正则表达式在某些时刻非常有用。对于这个练习，你可以使用我提供的正则表达式，并查阅官方的 Python 正则表达式文档，以获取更多信息。

有了这些匹配行的正则表达式，我们就可以将数字过滤出来，并得到一个数字列表，接下来只需简单地索引所需的数字即可。

另一种解决方法是根据每行的模式（即每行的格式和内容）来检测数据，并将所有数据填充到一个大的字典或类中。当你找到一行数据时，提取该行中的数据，忽略没有数据的行，然后确认你提取的数据是预期的内容。简单来说，这种方法是通过识别和解析每行的数据模式，将数据准确地存储到结构化的字典或类中，以确保数据的正确性和完整性。

还有许多其他方法可以解决这个问题，但我建议你先尝试这些方法，看看效果如何。你会在这个练习上花费相当多的时间，可能是 1~2 周。数据清洗虽然看似简单，但其深度很大，你可以尝试许多不同的技术。慢慢来，享受这个过程。

■强大的 ETL 工具

通过这个小项目，你已经初步了解了 ETL（提取、转换和加载）过程。现在，你应该花些时间研究和尝试更多的工具。

- https://github.com/spotify/luigi；
- https://petl.readthedocs.io；
- https://airflow.apache.org；
- https://www.bonobo-project.org；
- https://pypi.org/project/pdftotext/；
- https://docs.python.org/3/library/re.html。

译者注：

- Luigi：由 Spotify 开发的 Python 模块，用于管理工作流程。
- PETL：用于数据提取、转换和加载的 Python 库。
- Apache Airflow：一个平台，用于编排复杂的计算工作流和数据处理管道。
- Bonobo：一个简单、现代的 Python ETL 框架。
- pdftotext：一个简单的 PDF 文本提取工具。
- Python 正则表达式文档：学习如何使用正则表达式来处理字符串。

这些项目涵盖 ETL 过程的不同方面。一些工具，如 Luigi，管理整个流程，并提供各种图形用户界面和工具来可视化正在发生的事情。

在数据科学领域，总是需要那些愿意并擅长处理混乱和低质量数据的人。而且，学习处理这些数据并不困难。这就是为什么我喜欢将数据处理作为初学者入门课题的原因。

■温故知新

（1）对 2023 年的所有 PDF 运行这个程序，并生成一份关于这些报告的总结。

（2）如果你的解析器无法处理 2023 年的报告，请思考如何改进它，使其更加健壮。

（3）所有数据整理工具都需要一个“异常日志”。异常日志的作用是记录输入数据中哪些部分存在格式错误，并可能保存出错的数据以供后续检查。这个日志系统非常重要，因为它可以防止一个错误的 PDF 文件破坏整个 ETL 流程的运行。你需要这个日志系统来确保当问题发生时，流程不会被中断，而是可以继续处理其他数据。同时，异常日志还为你提供了回溯并修复问题的依据，从而可以在修复后重新运行流程。因此，务必为你的工具构建一个异常日志系统。

（4）查看 Python 的 dbm 模块，它可以将数据存储到磁盘。对于这个应用来说，dbm 模块并不是最好的选择，但它对基本存储来说非常有用。下面三个练习将涵盖 SQL 和 SQLite3，它们更适合这个任务。

习题 52 网络爬虫

Python 最受欢迎的两个应用领域是数据科学和网络爬虫，而网络爬虫通常为数据科学处理流程提供数据。如果你的应用需要啤酒销售数据，那么从 ATF TTB 网站抓取可能是唯一的解决方案。如果你需要为训练 GPT 模型收集文本数据，那么从各种论坛网站进行抓取也是不错的选择。网络上有大量可用数据，但这些数据通常以不太友好的视觉格式呈现。

网络爬虫也是非常适合初学者的一个主题，原因与数据清洗类似。

（1）每个人都应该对网页有一定的了解，毕竟大家每天都在使用浏览器，所以对网页的概念多少有些熟悉。

（2）无须太多理论或计算机科学知识。你只需要一种方法来获取网页，并解析你想要的原始 HTML 内容。

（3）可以手动下载页面，然后研究和处理它。

（4）就像数据清洗一样，代码一开始可能并不“优雅”，但只要能工作，就可以逐步优化和完善。

（5）网络爬虫是许多数据科学项目的重要组成部分。数据科学需要数据，而网络上有大量的数据。

（6）网络爬虫还可以引导你学习网页端的自动化测试，一举两得。

■ 引入 with 关键字

我希望在接下来的每个项目中至少包含一个新的高级概念。在本项目中，我希望你学会使用 with 关键字。with 关键字创建一个代码块，确保在代码块退出时资源能被正确清理。虽然 with 主要用于文件操作，但也适用于任何需要可靠打开和关闭的资源。

以下是一个简单的示例：

```
1  with open("test.txt") as f:
2      print(f.read())
```

这段代码会打印 test.txt 文件的内容，并在 with 代码块退出时自动调用 f.close() 来清理资源。这样，即使 test.txt 不存在，我们也不会留下一个未关闭的文件。在初始代码中，我展示了如何使用这个机制来创建页面“缓存”，以节省时间。

■ 问题描述

团队的高级开发人员滑着椅子来到你的桌前，擦掉手上的芝士粉，梳了梳他那紫色的头发，问道："进展如何？" 你解释说你手动下载了 PDF 文件，高级开发者立刻露出了困惑的表情。"手动？什么意思？你自己动手从网站上下载文件？太糟糕了！" 然后他慢慢地滑回自己的工作桌，滑一下嘟囔一句："糟糕！" 到达自己的桌子时又说了一声"哎"，便转向了自己的计算机。

看来你现在需要学会自动下载 PDF 文件了。高级开发者说得对，手动下载这些 PDF 文件既麻烦又容易出错。最好编写一个 Python 脚本来下载文件并提取数据。网页可能包含数据，但它们是为人类阅读而设计的，不是为计算机准备的。为了解决这个问题，我们需要通过一个项目从网页上抓取数据，并下载所需的 PDF 文件。

你的任务如下。

（1）编写一个 Python 脚本，从 ttb.gov 网站下载每月 / 每年的 PDF 文件。

（2）对网站友好一些，限制脚本每次只下载 5 个 PDF 文件，直到它能正常运行为止。

（3）使用磁盘缓存网页和 PDF 文件，这样就不会频繁地访问网站。这也能帮助你更快地完成工作，因为你不需要等待网络响应。

（4）一旦你能可靠地获取所有 PDF 文件，就可以整合之前习题中的数据清洗代码，生成完整的统计数据。

（5）可能是时候正式创建一个项目并为代码编写自动化测试了。下一节习题会要求你重写部分代码，有了测试，这个过程会更快更简单。

再次强调，这个话题非常深入，你可能需要花一个月的时间来探索网络爬虫的方方面面。慢慢来，尽可能多地学习新知识。

■ 安装

你应该已经安装了 BeautifulSoup 项目，但请先确认一下：

```
1  $ conda list beautiful
2  # 位于 ~/anaconda3 环境中的软件包：
3  #
4  # 名称              版本      构建渠道
5  beautifulsoup4   4.12.2   py311hecd8cb5_0
```

你也应该安装了 lxml 项目，但可以再安装 html5lib 项目作为备用：

```
1  conda install html5lib
```

这将为接下来的习题做好准备，但请记住，你可以使用任何能完成工作的工具。这里提供的建议仅为帮助你快速入门，但如果你知道有更好的工具，当然可以选择使用。

■ 线索

为了完成这个任务，你需要掌握一些基础知识。

（1）如何下载一个 URL。

（2）将其保存到磁盘上，这样在工作时就不必依赖网络。

（3）使用 BeautifulSoup 加载它。

（4）使用 with 关键字。

这里有一小段入门代码来帮助你快速开始：

代码 52.1: ex52.py

```
1  from bs4 import BeautifulSoup
2  from urllib import request
3  import os
4
5  if not os.path.exists("ttb_stats.json"):
6      with open("ttb_page.html","wb") as f:
7          resp = request.urlopen("https://learncodethehardway.com/
8                                             setup/python/ttb/")
9          body = resp.read()
10         f.write(body)
11 else:
12     with open("ttb_page.html") as f:
13         body = f.read()
14
15 # 如果无法使用，请尝试将 html5lib 改为 lxml 试试
16 soup = BeautifulSoup(body,"html5lib")
17 print(soup.title)
```

建议你阅读这段代码并做一些笔记，然后尝试从头开始重写它，这样才能真正掌握这个解决方案。这里的主要目的是帮助你起步，因为这通常是初学者最难的部分，但最终需要自己动手完成。

■ 强大的抓取工具

与数据清洗的习题类似，你可以探索许多用于网页抓取的工具。

- Requests 是一个比 urllib 更易用的 HTTP 客户端。
- Playwright 实际上是运行 Chrome 或 Firefox 来模拟整个浏览器。如果你需要更复杂的网页抓取，这是一个不错的选择，但复杂一些。
- Scrapy 是一个由 Zyte 维护的更广泛的网页抓取库，Zyte 还提供了一个抓取托管系统。
- commoncrawl.org 是一个免费的开放网页数据存储库。如果数据库已经完成了爬取，你就不必再自己爬取了，直接从上面获取需要的数据即可。

■温故知新

（1）你的缓存系统应该查看 request.urlopen() 返回的头部信息，以确定网站何时发生更改。你需要跟踪这些文件的更改时间，如果网站更新，你也需要同步更新缓存。请记住，你需要为每个文件执行此操作，而不是其中一个文件更改了就更新全部。此外，还可以通过查看 E-Tag 头部信息作为变化的另一个追踪指标。

（2）你可以发起一个 OPTIONS 请求，以便在下载文件之前获取文件的日期。尝试学习如何通过 urllib 来实现这一点。

习题 53 从 API 获取数据

在本节习题中，将访问我为 learncodethehardway.com 网站使用的应用程序编程接口（Application Programming Interface，API）。在 Web 开发中，API 通常包含以下几个部分。

（1）通过 HTTP 协议访问的 Web 服务器：当我们使用 urllib 从 ttb.gov 网站获取啤酒生产数据的 PDF 文件时，实际上已经在使用 HTTP 协议。HTTP 也是浏览器用来显示 Web 应用程序的基础协议。

（2）Web 服务器通常以一种易于解析的数据格式响应请求：这就是直接下载 PDF 文件和使用 API 访问数据的区别所在。我们可以从 ttb.gov 获取有关啤酒生产的数据，但需要手动解析 PDF 文件中的内容。而 API 则提供了一种无须手动解析、可以直接加载到应用程序中的数据格式。

（3）高级 API 通常会提供自动发现功能：这是一个更高级的特性。许多 API 会提供一个初始的 URL，详细描述 API 的结构和功能。每个数据片段（如一个 API 返回的 JSON 对象中的字段）会说明可以对其进行的操作，并链接到相关的其他元素或资源。虽然目前没有官方标准规定如何实现这种自动发现功能，但如果 API 提供了这种功能，将极大地方便用户理解和使用。

我的网络应用程序使用的 API 符合上述第（1）点和第（2）点，但第（3）点只有部分符合。这是因为我并不在意其他人是否能够动态地了解如何使用我的 API。第 3 点（自动发现功能）在许多 API 中是常见的做法，因为私有 API 是为所有者特定的应用程序编写的，而公共 API 则是为了让任何人都能使用和发现。我选择使用私有 API，因为在很多情况下，这些 API 对我最有用，而且其他人通常没有动力去逆向工程这些 API 来搞清楚它们的工作原理。

提示：请不要下载课程的原始视频或 HTML 文件，因为这会压垮我的小型 Web 服务器。同时，这也违反了该网站的服务条款（Terms of Service，TOS）。

介绍 JSON

在 API 中，我们最常遇到的数据格式是 JavaScript 对象表示法（Javascript

Object Notation，JSON）。JSON 是一种标准的数据传输格式，具有简单严格的格式，同时也能让人轻松阅读。虽然其语法来源于 JavaScript，但 JSON 是通用的，看起来也类似 Python 中的字典（dict）语法。你可以通过访问 json.org 阅读 JSON 语法规范，以便更好地了解它。

下面是我的 API 中的一个 JSON 片段示例：

```
1  {
2       "id": 3,
3       "created_at": 2023-08-25 06:36:35,
4       "updated_at": 2023-09-17 01:07:41,
5       "title": "Learn Python the Hard Way, 5th Edition (2023)",
6        "description": "The 5th Edition of Learn Python the Hard Way
        released in Ç 2023.",
7       "price": 20,
8       "currency": "USD",
9       "currency_symbol": "$",
10      "active": 1,
11      "slug": "learn-python-the-hard-way-5e-2023",
12      "category": "Python",
13      "created_by": "Zed A. Shaw"
14 }
```

正如你所看到的，这种格式很容易被 Python 识别，并且在许多其他语言中也能使用。键值对存储的语法由来已久，这也是 JSON 容易被不同编程语言使用的原因。

■ 问题描述

公司的 CEO 告诉我的老板，老板又转告我，说 CEO 觉得我工作不够努力。她在《CIO 杂志》上看到，观看时间是 YouTube 上最重要的指标——既然 learncodethehardway.com 也有视频，她认为我们的网站应该和 YouTube 一样。CEO 觉得我应该统计总观看时间来证明我在努力工作。于是，我立刻跑到你们团队的办公室，一边不停地擦鼻子，一边大喊：“快！观看时间！视频！统计数据！停下手头的一切工作！”然后，我跑出去，跳进我的特斯拉，和 CEO 一起去打高尔夫，以确保她知道我在努力工作。

团队停下所有工作，召开了另一次会议。高级开发者告诉你，他们会处理这个问题，但 CEO 希望你也参与进来，以“希望团队尽可能多地展示和促进这种协同效应”。虽然你不太明白这是什么意思，但看起来你在重复高级开发者的工作。谁在乎呢——这又不是你的钱，是投资者的钱！

我的网站 learncodethehardway.com 有一个简单的 API，用来销售我的课程。每个课程有模块，模块有课程，课程有视频。我有点懒，所以我希望你能帮我计算所有视频的观看时间。你的脚本应具有以下功能。

（1）高级开发者太忙了，你要自己发现数据及其规则。线索部分提供了一个小的启动器，可以让你获取 JSON 输出，分析并发现每个数据片段。

（2）脚本应输出每个课程、模块以及课程的观看时间（即视频的总时长）作为单独的 CSV 文件。

（3）由于资源有限，我的网站无法承受由于频繁使用 API 下载器而导致的高频率访问或刷新。因此，当你让它们工作时，需要缓存你的结果。为了正确做到这一点，注意所有数据都有一个 updated_at 字段，用于在数据更改时更新。

每个 API 都会告诉你如何访问它，所以你只需要弄清楚它返回的数据是什么以及如何进行分析。这个练习故意没有提供详细说明，目的是让你自己去摸索。在信息有限的情况下解决问题，是开发软件过程中非常重要的一部分。

■ 安装

对于本节习题，你将使用 requests 库来访问 learncodethehardway.com 的 API。你可以像往常一样安装它：

```
1  conda activate lpythw
2  conda install requests
```

Requests 非常适合访问 API，但如果你需要下载大文件，请务必小心，因为它可能会一次性将整个文件缓冲到内存中，从而导致问题。

■ 线索

learncodethehardway.com 的 API 相当简单，支持访问的 URL 如下：

- /api/course——获取可用课程列表的主要 URL；
- /api/module——获取模块信息；
- /api/lesson——获取单独课程的信息；
- /api/lesson_media——访问与课程相关的媒体详细信息，这些信息通过 ffmpeg 提取。

当你访问这些 API 时，它们会告诉你如何访问它们的规则。下面是一个快速入门的代码示例：

代码 53.1: ex53.py

```
1  import requests
2  from pprint import pprint
3  import sys
4  import csv
5
6  api_url = "http://learncodethehardway.com/api/course"
7
8  # 列出所有课程
9  r = requests.get(api_url)
10
11 data = r.json()
12 pprint(data)
13
14 # 获得一门课程，full=true 表示包括所有模块
15 r = requests.get(api_url, params={ "course_id": 1,"full": "true" })
16
17 data = r.json()
18 pprint(data)
19
20 # 还记得 with 吗？与 csv 一起使用
```

■强大的 API 工具

- FastAPI——一种快速生成 API 的绝佳方式。
- AlpineJS——如果使用 FastAPI 制作 JSON API，并且设计了 HTML 页面，那么 Alpine 就是访问 JSON API 的一种方式。看，你现在已经拥有了一个 Web 框架。
- jq——一个非常有用的查询和查看 JSON 数据的工具。
- curl——用于从命令行获取网站数据的工具。尝试使用 curl SOMESITE | jq 命令来打印 JSON 数据吧。

■温故知新

（1）你能发现关于课程相关媒体的其他信息吗？ ffmpeg 自动导出哪些信息呢？

（2）找到其他 API 并尝试使用它们。

习题 54 使用 pandas 进行数据转换

这次，我们将探索 pandas 模块，这是数据科学家处理数据的主要工具。即使你不打算从事数据科学工作，pandas 也是非常有用的工具。因此，无论如何，掌握 pandas 都是值得的。pandas 主要提供数据转换功能，并引入 DataFrame 结构，后者在许多统计和数学应用中都有使用。我们将在后续练习中详细探讨 DataFrame 的概念。

在本节习题中，我们将使用 pandas 处理之前创建的 CSV 文件，并将其输出为多种格式，以便向你的上司汇报。我们还将使用一个名为“Pandoc”的工具来生成报告。Pandoc 是一个非常有用的工具，它可以将报告转换成各种格式。

■ 介绍 Pandoc

Pandoc 的作用是将一种文本格式转换为另一种文本格式。它可以将 Markdown 文件转换为 HTML、PDF、ePub 以及许多其他格式。这意味着我们可以用简单易用的 Markdown 格式写报告，然后将其转换成工作所需的任何格式。需要向期刊提交 LaTeX 文件，用 Pandoc；需要向 Web 服务器团队提交 HTML，用 Pandoc。

■ 问题描述

我不喜欢你之前习题中的 CSV 文件，它们太不专业了！我是一个懒惰的产品经理，没有时间去研究如何使用手机来查看它们。我还得创建只有标题的 Jira 工单！我的老板正忙着和 CEO 打高尔夫。你以为我们是干活的，哼，那是你的工作。

译者注：Jira 是一个广泛使用的项目管理和问题跟踪工具，通常用于记录和跟踪任务、错误和其他工作项。一个完整的 Jira 工单通常会包含标题、描述、优先级、指派人等详细信息。而“只有标题的 Jira 工单”意味着这个工单缺乏详细的信息，只提供了一个简单的标题，无法有效地传达任务的具体内容或要求。这反映了“我”作为产品经理的懒惰和不负责的工作态度。

你需要将这些 CSV 文件转换成以下几种格式，以便我、我的老板和 CEO 使用。

（1）Excel 文件：我需要一个 .xls 文件，以便在 Microsoft Excel 中加载它。

（2）HTML 文件：我的老板需要一个包含表格的 HTML 文件，这样我就可以通过电子邮件发送给他，并假装这是我制作的。

（3）PDF 文件：CEO 只需要一个 PDF 文件，上面有总观看时间的大数字总结。不要用细节烦她！她需要去稳住投资者！

解决这个问题的最佳方法如下。

（1）使用 csv 模块打开前面习题中的 CSV 文件。是的，你可以直接生成文档，但让我们假装是一位高级开发者把这些 CSV 文件扔给你，你只能使用它们。

（2）使用 pandas 将加载的数据直接转换为 .xlsx 文件。

（3）确保 pandas 转换工作正常，将其导出为 .xlsx 文件格式。

（4）使用 Pandoc 为我的老板和 CEO 生成报告。你的脚本应该输出的是 Markdown 格式，但使用 Pandoc 生成的是 PDF 和 HTML 报告。

（5）为了提高效率，你可以通过 Python 的 subprocess 模块来运行 Pandoc。

这些线索为你提供了约 80% 的解决方案，但真正的挑战在于如何根据具体的报告需求，将 CSV 数据转换成所需的格式，并生成符合要求的报告。请记住，这虽然是一个完全虚构的问题，但在实践中，你会经常遇到类似情况。你很少能直接从其他数据源中获得非常“干净”的数据。相反，你会遇到 PDF 文件、.xls 文件、.csv 文件、原始 JPEG 图像扫描，甚至是你从未听说过的奇怪格式。擅长处理复杂的数据，是进入数据科学领域的绝佳途径。数据清洗是每个人都需要掌握的技能，而许多人不喜欢这项工作，因为他们觉得它“稍逊一筹”。

■安装

要使用 pandas 的 Excel 输出功能，你需要安装 openpyxl 库：

```
1  conda activate lpythw
2  conda install openpyxl
```

一旦安装完毕，线索中的代码应该就可以正常工作了。

■线索

相较之前的代码，这段代码功能更为复杂。因此我会给出进一步的帮助，以确保 pandas 部分能够正常运行，从而让你可以更专注于报告的生成和数据分析：

代码 54.1: ex54.py

```
1  import csv
2  from pprint import pprint
```

```
 3 import pandas as pd
 4
 5 records = []
 6
 7 with open("ex53.csv") as csvfile:
 8     reader = csv.DictReader(csvfile)
 9     for row in reader:
10         records.append(row)
11
12 # 在这里进行分析

13 df = pd.DataFrame(records)
14
15 pprint(df)
16
17 df.to_excel("ex54.xlsx")
```

你可以通过以下两种方式来解决以上问题。

（1）加载 CSV 文件并使用普通的 Python 进行分析。完成分析后，再使用 DataFrame.to_excel() 输出结果。这可能是一个不错的起点。

（2）直接跳到习题 55，深入学习 pandas 并使用它进行分析。在后续的练习中，你最终需要掌握 pandas，所以如果你觉得这个练习过于简单，现在就可以开始学习 pandas 了。

■ 温故知新

（1）能否将你的结果转换为 JSON 格式的 API，并使用 FastAPI 提供服务？这是一个更高级的任务，但如果你能完成，那将非常出色。

（2）pandas 支持多种输出格式。试着生成一些其他格式的文件，看看 pandas 还能做些什么？

习题 55 如何阅读文档（以 pandas 为例）

本节习题将教会你两个非常重要的技能。首先，你将学习关于 pandas 及 DataFrame 结构的知识，这是 Python 数据科学领域最常用的数据处理方式。其次，你将学会如何有效地阅读典型的编程文档。这一技能非常实用，因为它适用于你未来将遇到的所有编程主题。实际上，你可以将这个习题视为通过使用 pandas 来学习如何阅读文档的一个机会。

提示：在本节习题中，你可以随时切换回 Jupyter，以便更好地探索和记录你的学习成果。如果你打算使用 pandas 创建一个项目，可以将你在 Jupyter 中学到的知识应用到项目中。

■ 为什么编程文档都很糟糕

在绘画中，有一个概念叫作“整体感”（Gestalt）。一幅画的整体感是指画作中所有部分相互融合，创造出一个统一的体验。想象一下，如果我为你画一幅肖像，画出了你见过的最漂亮的嘴巴、眼睛、鼻子、耳朵和头发，每个部分都极其完美。但当你退后一步看时，整体感觉却非常不对劲：两个眼睛之间太靠近，鼻子比其他部分暗，耳朵大小不一。虽然单独来看，它们是完美的，但当组合成一件完整的艺术作品时，却显得非常糟糕，因为我在绘画时没有注意到画作的整体感。

译者注：“Gestalt”在心理学中是一个专有名词，指的是一种整体性的认知方式，强调整体大于部分之和。在编程中，“Gestalt”这个词并没有一个标准或者通用的翻译，它通常保留原词使用，或者根据上下文进行解释。

要使一件作品具有较高的质量，必须关注每个部分的特征，以及这些部分是如何组合在一起的。程序员的文档往往就像这种有着完美细节但缺乏整体感的肖像画。他们可能会非常清晰地描述每一个函数，详细解释每一个选项的细微差别，并精确定义每一个类。然而，他们却常常忽略了描述这些部分如何组合在一起，或者如何使用它们来完成实际任务。

这种类型的文档随处可见。如果你曾经阅读过 Python 最初的 SQLite3 文档，再比较一下它的最新版本（该版本加入了“如何使用”部分），你就会明白这种情况有多普遍。因此，这确实是一个至关重要但却常常被忽视的主题。

学习这种文档需要一种更加主动的阅读方式，而这正是你将要在本节习题中学到的内容。

■ 如何主动阅读程序员文档

我不会让你被那些糟糕的文档折磨。相反，我将从简单的步骤开始，学习如何有效地使用 pandas 文档。幸运的是，pandas 文档相对友好，它至少提供了一个快速入门指南来帮助我们开始，还有参考资源（cookbooks）、操作指南、API 参考和大量示例。尽管如此，由于 pandas 文档量大且分散，初次阅读时你可能仍会感到有些迷茫。

这时候，主动阅读就显得尤为重要了。这也是我在整个课程中让你多次实践操作的原因。主动阅读程序员文档意味着在阅读时要动手输入代码，通过修改代码来探索更多的知识，并将所学内容应用到你自己的问题中，以进一步巩固理解。在这个过程中，你的目标是找到程序员可能忽略的“整体感”。

■ 第 1 步：找到文档

首先，你要做的事情就是找到文档。虽然听起来有些滑稽，但有时候这确实是你会遇到的第一个困难。此时，你需要问自己以下几个关键问题。

（1）看的是正确版本的文档吗？在 Python 和 JavaScript 的世界中，这个问题尤其常见，因为有时候旧文档在 Google 上的排名要比新文档更高。

（2）这份文档是入门指南还是 API 文档？ 你至少需要一份入门指南和一份 API 文档。实际上，你需要的可能不止这些，但如果一个项目只有 API 文档，那么你将需要付出更多努力，因为入门指南才是你开始学习的最佳切入点。

（3）是否有参考资源或操作指南，提供了大量示例？如果有，那你就像在编程的世界中发现了一头独角兽。

（4）哪些主题最吸引你？是否有特定的紧迫需求？文档中是否涵盖了这些主题？

pandas 举例

让我们开始浏览 pandas 文档，并回答上面的问题。

（1）文档版本是否正确？是的，确保你查看的是正确版本的文档。

（2）是否同时有入门指南和 API 文档？是的，pandas 提供了入门指南和 API 文档。你应该从入门指南开始学习，并在需要时使用 API 文档查找具体的使用细节。

（3）是否有参考资源或操作指南？是的，入门教程和用户指南中都有丰富的示例，帮助你快速上手。

（4）哪些主题最吸引你？在本节习题中，你将专注于 DataFrame，因此任何涉及这个主题的文档都会对你有帮助。如果你想处理 .csv 文件，那么应该查找如何加载和保存 .csv 文件的文档。

■ 第 2 步：确定策略

如果上述问题中的大多数答案都是“否”，该怎么办？如果一个项目只有自动生成的 API 文档，而没有任何解释如何使用的文档或示例代码，该怎么办？首先，这说明这个项目不够成熟，你真的必须使用它吗？如果可以选择，最好避免使用连开发者自己都不在乎的软件。如果你必须使用它，或者你真的想用，那么你可以尝试以下两个互补的策略。

（1）寻找他人编写的入门指南和示例代码。通常，社区中会有一些开发者分享他们的学习经验和示例代码，这些资源非常宝贵。

（2）选择一个小项目并使用该项目，花时间仔细阅读 API 文档，直至你的项目可以正常运行。

如果这个项目拥有你所需要的所有资源，那么可以考虑以下策略。

（1）从参考资源或操作指南开始。它们通常包含许多示例代码，帮助你快速理解核心概念。

（2）从详细描述关键主题的指南入手。这些指南通常更为深入，适合作为进阶学习的材料。

（3）无论如何，尽早使用 API 文档，尝试编写自己的软件。如果你急于实现一个想法，这是最好的策略。如果觉得太难也不要气馁，可以切换到其他策略继续进行。

这些策略并不是互斥的。你可以先选择其中之一，如果不奏效，就切换到另一个。继续这样做，直到你对这个项目有足够的了解。

pandas 举例

在 pandas 文档中，我们几乎拥有所需的一切资源，唯一缺少的是一个明确的引导指南。这就是你需要制定策略的原因。在这种情况下，以下是三个互补的策略。

（1）从参考资源和操作指南开始，将它们作为进阶文档的指南。

（2）从更深入的用户指南开始，在阅读的过程中参考操作指南和示例，以便更好地理解实际应用。

（3）尝试使用 API 参考制作一些东西。如果你有一个具体的想法急于实现，这是最好的策略。如果觉得太难，也可以随时切换到其他策略。

■第 3 步：代码第一，文档第二

这听起来可能有些违反直觉，但如果你先尝试编写几行代码，再去阅读相关文档，会更容易理解文档内容。代码是你可以实际操作的东西，而这种操作经验能让你更好地理解文档中的内容。

pandas 举例

以 pandas 的《十分钟入门指南》为例，其中有一段代码：

```
1  import numpy as np
2  import pandas as pd
3  s = pd.Series([1, 3, 5, np.nan, 6, 8])
4  # 这将在 Jupyter 中打印出来
5  s
6  dates = pd.date_range("20130101", periods=6)
7  # 在 Jupyter 中打印出来
8  dates
```

这样的示例代码通常散布在文档的多个部分中。因此，你应该首先输入每个示例代码，确保它正常运行，然后阅读相关的文档描述。这样，文档中的描述会变得更容易理解。

然而，如果你先阅读描述，可能会看到以下内容：

```
1  Customarily, we import as follows.
2  # 通常，我们会这样导入库
3  Creating a Series by passing a list of values, letting
4  pandas create a default RangeIndex.
5  # 创建一个 Series，传入一个值列表，让 pandas 创建一个默认的 RangeIndex
6  Creating a DataFrame by passing a NumPy array with a
7  datetime index using date_range() and labeled columns:
8  # 通过传入一个带有日期时间索引的 NumPy 数组和用 date_range() 生成的标
签列来创建一个 DataFrame
```

单独看这些描述，或者只是快速浏览代码，可能不太容易理解。但一旦你成功运行了代码，这些描述就能帮助你填补理解上的空白，并加深你对内容的理解。

■第 4 步：破坏或修改代码

在让代码正常运行后，花点时间去破坏它，这样你就能学习如何处理相应的错误。对于初学者来说，理解编程语言产生的复杂错误信息一直是一个巨大的障碍。阅读这些错误信息并使用搜索引擎寻找答案几乎成了一种必备技能。学习“错误信息解读”的方法之一就是故意制造尽可能多的错误，这样就可以进一步了解它们产生的原因。

其次，问问自己是否能实现某个功能，然后尝试去做。比如，你可能会问自己：“我如何给一个 Series 设置不同的索引？”或者“如何将一个 Series 传递给 DataFrame？”通过这些尝试，你将能够更深入地理解所学的概念。

■第 5 步：记笔记

学习编程（或其他任何技能）的关键在于将学到的知识用自己的话概括总结出来。记笔记是最有效的方法之一。你可以在代码目录中创建一个名为“notes.txt”的文件。在这个文件中，写下你的疑问、发现以及对所学内容的总结。

notes.txt 文件的另一个重要部分是链接。在学习的过程中，记录下你阅读过的或需要进一步研究的内容链接。这将帮助你在日后需要回顾某个内容时，知道在哪里找到相关信息。

■第 6 步：随心所欲

这个步骤的目的是帮助你从一个会用 Python 的人，成长为能够用 Python 表达自己想法的人。当你觉得对项目有了足够的理解后，应该尝试用它来创造一些东西，无论大小。这时，你会更多地依赖 API 文档，而不是其他资源。

pandas 举例

如果你感到困惑，不知道该做什么，可以从参考资源的 how-to 文档中找一个例子，并在此基础上进行修改，添加新的功能。你可以尝试从 SQL 数据库加载数据，或者更改使用的数据集等。

■第 7 步：总结与表达

无论是绘画、写作还是编程，我都将它们视为表达内在思维、经验和情感的媒介，通过这些媒介，我可以有意识地理解它们。绘画帮助我理解我所看到的世界；写作帮助我整理和表达我的思维；而编程帮助我理解事物的运作方式。

当我将所见转化为绘画时，才能真正理解那些视觉元素。当我将思维整理成文字时，能更清晰地表达我的想法。而当我将一个过程或想法转化为代码时，就理解了它的工作原理。

编程则使我对事物运作方式的理解结构化和逻辑化。当我们将一个过程或想法转化为代码之后，实际上就理解了它是如何工作的。

写作帮助我将几乎随机的思维整理成一个连贯的、清晰的结构。将我的所有想法组织成一篇条理清晰的文章，从而使我可以更深入地理解自己的想法。

更重要的是，这些媒介——绘画、编程和写作——促使我探索那些我还不了解的事物。通过这些方式将知识外化，我得以更好地理解自己的思维过程。我可以看着一幅画说:“嗯，我似乎还不太了解这朵花的真实样子。”我可以研究代码并发现:“显然我还不完全理解这个算法的工作原理。”我可以通读一篇文章并意识到:“我真的不知道如何解释自己对这个话题的感受。”

这就是为什么你应该总结并写下你所学到的东西。你不必向任何人展示这些笔记，也不必成为一位优秀的作家。你的写作甚至不需要是原创的——老实说，99% 的写作都不是原创的。重点不在于让别人对你的聪明才智印象深刻，而在于通过写作来整理和深化你对所学内容的理解。

pandas 举例

在这个步骤中，我希望你至少写 8~10 段内容，讲述你刚学到的关于 DataFrame 的知识。你会如何向一个懂 Python 的人解释 DataFrame ？你在使用 DataFrame 时有什么好的建议？有哪些常见的陷阱需要避免？

另一个选择是编写一套学习 pandas DataFrame 的教程。如果你要为他人编写一个入门指南，你会推荐哪些资源？对于每个资源，总结它们在该阶段将帮助学习者掌握哪些内容，以及它们如何与之前学过的内容相关联。

译者注：如果你这样做了，不妨将其分享到鱼 C 论坛，除了能够与许多志同道合的朋友一起交流学习，还有机会获得原创内容奖励。

还可以选择使用 Jupyter 创建一个笔记本，展示学习所需的所有资源。建议先写一个简短的课程大纲，然后将其转化为结构化的笔记本，遵循该课程的逻辑进行讲解。

■ 第 8 步：什么是整体感

最后一步是问自己:“这个项目的整体框架是什么？”这是一个比较抽象的步骤，它应该自然地在你的写作和笔记中体现出来。但如果你能总结出项目的整体框架，它将为你提供一个总的心理框架，以便更好地整合你学到的其他知识。

你对项目的理解可能与作者的不同，但你的描述是为了帮助你自己，而不是为了别人。

pandas 举例

如果我要总结 pandas 的用途，可能会有以下几个“整体陈述”。

- pandas 旨在为 Python 提供类似其他统计和数学语言（如 R、SAS 和 Mathematica）的高级数据处理功能。
- pandas 让数据处理和分析变得更加简单高效。

这些描述是否符合 pandas 的实际用途？你是否有其他想法？它们是否帮助你更好地理解了 pandas ？

■ 阅读我的 pandas 课程

虽然学习如何阅读文档和设计自己的课程对你有帮助，但我也认为你可能需要我提供的 pandas 课程。问题在于，项目经常变化，我希望这门课能比 pandas 的下一个版本持续更长时间。为了解决这个问题，可以通过访问 https://learncodethehardway.com/setup/python/ 获取最新的课程内容。

习题 56 只使用 pandas

在本节习题中，我们将把之前编写的一系列脚本整理成一个简洁高效的工具，而整个过程只使用 pandas 实现。因此，我们将为 TTB 的啤酒统计数据和我的网站视频观看时间创建一个完整的项目。

■ 创建项目

首先，让我们创建一个项目。这个项目包含所有必需的文件，包括自动化测试、README.md 文件，以及运行工具所需的脚本。

■ 问题描述

恭喜你被提拔了！我已经厌倦了那个只会生成 CSV 文件的高级开发者，现在由你来负责我的啤酒和视频观看时间的数据分析工作。我希望你创建一个工具，涵盖从习题 51 到现在为止所学的所有内容。具体来说，你的工具需要具备以下功能。

（1）全面使用 pandas 完成所有工作，包括数据转换、处理和生成报告。

（2）使用 TTB 提供的 .xls 文件，放弃之前的 PDF 文件解析方案。

（3）支持命令行选项，允许生成 TTB 啤酒统计数据和网站观看时间的 HTML 或 PDF 报告。

（4）实现自动化测试，测试覆盖率至少要达到 90%，否则你就会被解雇！交出你的工作证！收拾你的桌子！你连 0 美元的月薪都得不到！

（5）确保服务器的稳定性，你应该缓存来自 TTB 和我的 Web 服务器的数据，以确保工具运行快速。

（6）提供一个强制下载数据的选项，以防缓存失效。

（7）使用 Git 来维护代码，生成漂亮的报告，并以新颖的方式展示数据，这样你将获得额外的奖励。

只要你使用 pandas 生成这些报告，就可以尽情发挥你的创意。

■ 安装

你应该已经拥有了完成这个项目所需的所有工具，但我仍然强烈建议你为这个项目创建一个新的 conda 环境：

```
1  conda deactivate
2  conda create ex56
```

当然，你不必将它命名为ex56，你可以称其为“beertime”“lastpaycheck”“señordev”“señora-boss”或任何你喜欢的名字。关键是要享受过程，不要太过严肃……但如果你做不好，我还是会解雇你的。

■ 温故知新

这个任务可能会有些挑战性，但看看你是否能为这个项目制作一个网页界面，而不仅仅是一个命令行工具。如果这超出了你的能力范围，不用担心，尝试去做超越自己能力范围的事情是一种很好的学习方法。我建议你看看 FastAPI 和 Alpine.js，以帮助你找到制作用户界面和 API 的解决方案。

习题 57 快速入门 SQL

在科学研究中，数据是不可或缺的，而最常用来存储和管理数据的语言就是 SQL。即使是一些所谓的“非 SQL”数据库，也往往包含类似 SQL 的语言特性。这是因为，尽管 SQL 有其局限性，但在定义数据存储、查询和转换方面，它已非常成熟。

学习 SQL 基础不仅对数据科学家有帮助，还有一个更为重要的原因让我决定将 SQL 作为课程的压轴内容：我不希望这门课程仅仅局限于数据科学。数据科学和 Python 只是我用来教授编程基础的工具——我的真正目标是教你如何使用计算机来表达思想和创意。

SQL 的应用非常广泛，不仅在技术行业的各个领域中不可或缺，许多个人项目中也能见到它的身影。事实上，你的手机上运行着多个 SQLite3 数据库。同样地，你的计算机上也有 SQLite3 数据库在后台工作。你会在网页应用、桌面应用、手机应用，甚至视频游戏中发现 SQL。如果它不在你安装的应用程序中，那么在你和互联网之间的某个服务器上，也绝对存在着一个 SQL 数据库。即便某些系统不使用 SQL，它们也很可能使用类似的解决方案。

因此，SQL 不仅是数据科学家必备的技能，几乎对所有程序员来说也是一项重要的工具，无论你选择哪个方向，SQL 都会成为你工作中不可或缺的一部分。

■ SQL 是什么

SQL 是一种语言，主要通过声明式的结构来管理和查询数据库中的表。（SQL is a language that enables the management and querying of a group of tables in a database using a mostly declarative structure.）这个定义信息量很大，让我们将其逐个拆开解析。

- “SQL”的发音通常是“sequel”（/ˈsiːkwəl/）。
- “is a language”：SQL 是一种语言，具有与 Python 或 JavaScript 类似的语法，你需要通过学习才能掌握它。
- “that enables”：SQL 允许你使用它来控制数据库中的数据结构和内容。
- “the management”：SQL 不仅能控制表中的数据，还能管理表的结构，甚至数据库系统的其他操作。
- “and querying”：SQL 提供了一种从多个表中提取数据的方式，用于回答你提出的问题。SQL 在这方面功能非常强大，有时只需几条 SQL 语句即可替代复杂的 Python 数据科学代码。

- “of a group of tables in a database”：SQL 不仅能处理单个表，还可以同时处理多个表。它的一大优势就是“关系型”—— SQL 关注的不仅是表中的数据，还包括表与表之间的关系。

- “using a mostly declarative structure”：SQL 允许你直接描述想要的结果，而不必详细说明如何获取这些结果。与其在代码中指定“从 person 表的每一行中获取 x, y, z”，不如简单地说“给我 person 表的 x, y, z”，SQL 会自动决定提取数据的最佳方式。相比之下，Python 属于“命令式”语言，你必须具体说明如何生成结果。

- “...mostly...”：尽管 SQL 是“声明式”语言，但在某些情况下，语句的顺序仍然很重要。在完全“声明式”的语言中，语句顺序应是无关紧要的，而 SQL 在某些场景下仍然依赖顺序。

接下来，我们将学习 SQL 的基础知识，并将其应用于一个有趣的数据集——欧洲中央银行的历史欧元汇率数据。

■ 安装

要完成接下来的习题，我们需要安装 SQLite3 程序。你的计算机上可能已经有了这个工具。让我们测试一下，打开终端并输入：

```
1  sqlite3 euro.sqlite3
```

这将启动 SQLite3 的提示符。你可以通过以下命令退出：

```
1  .quit sqlite3
```

如果上述命令成功运行，说明你的计算机已经完成了 SQLite3 的设置。否则你需要下载这个工具，请前往 sqlite3.org 获取适合你操作系统的版本。

接下来，我们需要下载欧洲中央银行的历史欧元汇率数据集。你可以在 https://www.ecb.europa.eu/stats/eurofxref/eurofxref-hist.zip 获取最新的数据。

提示：如果该数据集不可用，你可以访问 https://learncodethehardway.com/setup/python/ 查找更新的数据源或替代的 .csv 文件（待完成：相关资源上传到国内服务器）。

下载文件后，解压并将 .csv 文件保存到当前习题的工作目录中。

■ 修复和加载

根据你下载数据的时间，数据末尾可能会有一个额外的逗号。因此，首先你需要编写一个简单的 Python 脚本来加载这个 .csv 文件，移除最后一列，并将修正后的数据写入新文件。正如我们多次强调的那样，从外部来源获取的数据通常会有一些问题，需要清理后才能使用。

提示：你可以使用 Python 的切片语法来移除最后一列，即 row[0:-1]。

修复完数据后，将文件命名为“fixed.csv”，然后你可以将其加载到 SQLite3 中：

```
1 sqlite3 euro.sqlite3
2
3 sqlite> .import --csv "fixed.csv" euro
4 sqlite> select count(*) from euro;
5 6331
6 sqlite>
```

提示：这里展示的是 SQLite3 的 shell，你不需要输入 sqlite>，因为那是 SQLite3 的提示符。根据下载时间，你可能会得到一个与 6331 不同的数字。

接下来，你可以使用 .schema 命令来查看表的结构定义：

```
1 sqlite> .schema euro
```

我们将在后续习题中详细讨论 SQL 和模式（schema）。目前，你只需要知道模式定义了数据库表中的列以及它们的数据类型。

备份数据库

在操作过程中，需要定期备份 euro.sqlite3 数据库。因为你会对其进行更改，而不希望在出现问题时不得不重新加载整个数据库。可以使用以下命令进行备份：

```
1 sqlite3 euro.sqlite3 ".backup euro_backup.sqlite3"
```

要恢复数据库，只需将备份文件复制回来：

```
1 cp euro_backup.sqlite3 euro.sqlite3
```

SQLite3 还提供了很多其他“ . 命令”，可以通过 .help 命令查看，或者阅读

SQLite3 的命令行工具文档。

■ 创建、读取、更新、删除

在编程中，几乎每种数据容器（如文件、数据库）都有以下四种基本操作。

（1）创建：在容器中创建数据，或创建新的容器。

（2）读取：读取容器中的数据，或获取容器的元信息。

（3）更新：更新容器中的数据，或更新容器的元信息。

（4）删除：从容器中删除数据，或删除容器的部分结构。

以 Python 的 IO 模块为例，可以打开、创建、更新、读取文件的内容，还可以写入数据，或获取文件的相关元信息。

SQL 和 SQLite3 提供了对数据库、表及其内容的基本操作。我们可以将 SQL 数据库与文件系统进行类比：

- 数据库类似于目录：SQLite3 命令允许你创建数据库（相当于 mkdir），创建表（相当于 touch），以及删除表（相当于 rm）。
- 表类似目录中的文件：SQL 提供了类似文本编辑器的命令来操作表中的数据。
- 行类似文本文件中的一行：就像在文本文档中编辑文本一样，可以添加、修改、删除行，还可以进行搜索等操作。

这些基本操作被称为 CRUD 操作，对应以下 SQL 命令。

- CREATE——对应 mkdir、cp 和 touch，以及在文本编辑器中添加新行。
- READ——对应 ls、cat 和 grep，以及在文本编辑器中搜索行。
- UPDATE——对应 mv（更改文件名）以及编辑文件中的内容。
- DELETE——对应 rm 和 rmdir，或者从文件中删除内容。

理解这些概念后，就可以开始将主要的 SQL 命令与 CRUD 操作对应起来。如果你在阅读 SQLite3 文档时遇到困难，可以参考习题 55 中的文档阅读技巧。

■ SELECT

在 SQL 中，SELECT 语句用于读取（Read）操作。它的作用是根据你的查询条件，从表中（或多个表中）提取数据。执行 SELECT 语句后会生成一个临时结果表。让我们通过一个简单的查询来查看欧洲中央银行的数据：

```
1  SELECT date, USD
2      FROM euro
```

```
3    WHERE date(date) > date('2023-01-01');
```

这段代码将获取 2023 年 1 月 1 日之后的美元汇率，并返回结果。我们逐步解析每个部分。

（1）SELECT 开始读取操作。

（2）date, USD 是需从 euro 表中提取的列名。如果涉及多个表，可以使用表名引用列，例如 euro.date, euro.USD。

（3）FROM 指定你要查询的数据表。

（4）euro 是你要从中提取数据的表。你可以用逗号分隔多个表，类似 Python 中的列表。

（5）WHERE 用于设置条件，类似 Python 中的 if 语句。这个例子中只有一个条件，你也可以使用 AND 或 OR 构建更复杂的查询。

（6）date(date) > date('2023-01-01') 表示选择日期在 2023 年 1 月 1 日之后的所有行。SQLite3 使用 date() 函数将字符串转换为日期对象，以便进行比较。

（7）使用；结束语句。如果忘记，SQLite3 可能会报错，因为它对错误命令的处理不太友好。

学习这个例子后，你可以尝试使用不同的条件，查询其他货币或不同时间范围内的数据。

■ 日期和时间

SQLite3 由于历史原因，实际上只存储文本，并没有专门的日期类型。因此，我们需要使用日期函数来处理日期和时间。常用的日期操作有：

- date('2023-01-01')——将字符串转换为日期。
- datetime('2023-01-0112:00:00.000')——转换为日期和时间的格式。
- time('12:00:00.000')——仅转换为时间。
- date('now')——获取当前日期，适用于上述所有格式。
- date('now', '+1day', ...)——你可以添加多个修饰符来指定日期。这里的 ... 表示你可以继续添加更多修饰符。

处理日期和时间通常会遇到很多问题，SQLite3 也不例外。以下是 2023 年的 SQLite3 官方文档中的说明：

“计算本地时间依赖政治因素，因此很难在全球范围内精确处理。在这个实现中，SQLite 使用标准的 C 语言库函数 localtime_r() 来计算本地时间。localtime_r() 通常只适用于 1970 年到 2037 年之间的年份。对于超出这个范围的日期，

SQLite 会尝试将年份映射到该范围内的等效年份进行计算，然后映射回来。”

对于大多数人来说，如果你计算机上的时间设置正常，SQLite3 的日期/时间函数应该也能正常工作。但如果你使用不同的日历系统，可能需要确认 SQLite3 的日期处理是否准确。

■ INSERT

INSERT 语句是 SQL 中的创建（CREATE）操作。它允许你向表中添加新行，类似在文本文档的末尾追加新行。让我们通过以下命令向表中添加一些美元汇率数据：

```
1  INSERT INTO euro (date, USD)
2    VALUES (date('now'), 1.090);
3
4  INSERT INTO euro (date, USD)
5    VALUES (date('now', '+1 day'), 1.087);
```

逐步解析以上代码。

（1）INSERT INTO 为开始插入操作。

（2）euro 是要插入数据的表。

（3）使用 (开始列名的列表。如果你知道列的顺序，可以省略这一步，但通常我们需要明确列名。

（4）date, USD 是我们要设置的两列。未列出的列将使用默认值或留空。如果某一列不允许为空，可能会报错。

（5）使用) 结束列名的列表。

（6）VALUES 为开始插入的数据部分。

（7）使用 (开始数据列表，顺序与列名对应。

（8）date('now') 用于设置为当前日期。

（9）1.090 是 USD 列的值。

（10）使用) 结束数据列表，并使用 ; 结束语句。

第二条插入语句与第一条类似，但使用了日期函数 date('now', '+1 day')，表示第二天的日期。你可以尝试添加更多日期修饰符。

我们可以使用 SELECT 查看插入的数据，但这样做可能会遇到一个问题——由于我们只插入了美元汇率，而其他货币的列为空，因此查询结果可能会显示多余的空列：

```
1  SELECT * FROM euro WHERE date(date) > date('now', '-1day');
```

```
2
3  2023-09-21|1.09|||||||||||||||||
4  2023-09-22|1.087|||||||||||||||||
```

上面代码中的 | 表示空值，因为我们只为 date 和 USD 列设置了值，其他列都是空的。

在接下来的习题中，我们将通过“规范化”来解决这个问题。规范化是清理不适合 SQL 的表结构的过程。

■ UPDATE

UPDATE 语句用于更新（UPDATE）多行数据，与语法 SELECT 中的 WHERE 子句类似：

```
1  UPDATE euro
2    SET USD=100, date='2048-01-01'
3    WHERE
4    date(date) > date('2023-01-01')
5      AND USD=1.0808
```

这是我们第一次使用 AND 来构建更复杂的查询。UPDATE 类似 SELECT 和 INSERT 的结合，但它不会添加新行。让我们逐步解析。

（1）UPDATE 为开始更新操作。

（2）euro 是要更改的表。

（3）SET 用于分配新值。与 INSERT 使用 VALUES 不同，UPDATE 使用 column = value 的格式。

（4）WHERE 用于指定要更新的行。

（5）date(date) > date('2023-01-01') 表示更新 2023 年之后的行。

（6）AND USD=1.0808 添加了一个条件，表示 USD 汇率为 1.0808 的行。

（7）使用 ; 结束语句。

你可以使用 SELECT 和 UPDATE 的知识来撤销更改。首先，使用 SELECT 检查更改是否生效，然后使用 UPDATE 修正错误。如果更改过程中出现问题，可以使用 euro.sqlite3 的备份来恢复，但在此之前，尽量手动修正问题。

■ DELETE 和事务

DELETE 语句用于从表中删除行。如果你想删除某个特定的 USD 值，可以这样做：

```
1 DELETE FROM euro WHERE USD=1.1215;
```

我们逐步解析以上语句。

（1）DELETE FROM 用于开始删除操作。

（2）euro 是要删除数据的表。建议一次只从一个表中删除数据。如果需要同时从多个表中删除数据，应该使用事务。

（3）WHERE 为指定要删除的行。尽管每次只删除一个表中的数据，但你可以结合多个表的信息来确定删除条件。

（4）USD=1.1215 表示删除 USD 汇率为 1.1215 的行。

（5）使用 ; 结束语句。

问题：如果你在执行 DELETE 或 UPDATE 时，意外删除或更新了太多数据，怎么办？为此，我们可以使用事务（Transaction）来保护数据。事务允许你在执行一系列操作时设置“保存点”，如果发现操作有误，可以回滚（撤销）更改，而不是永久提交。事务相当于一个“安全阀”，确保只有在所有操作都正确时，才会提交更改。

试试以下例子：

```
1 SELECT count(*) FROM euro;
2
3 BEGIN TRANSACTION;
4
5 DELETE FROM euro;
6
7 ROLLBACK TRANSACTION;
8
9 SELECT count(*) FROM euro;
```

运行这段代码，你会发现 count 结果没有变化。这是因为 ROLLBACK TRANSACTION 撤销了删除操作。如果你想提交更改，可以将 ROLLBACK 替换为 COMMIT。

通常，DELETE FROM euro 会删除表中的所有数据，不会有任何警告。但通过 BEGIN TRANSACTION，可以设置一个“保存点”，保护你的操作过程。可以执行多个 SQL 操作，如果想中止操作，可以使用 ROLLBACK TRANSACTION，如果确认操作无误，则使用 COMMIT TRANSACTION 提交更改。

事务在处理多个修改时非常重要。假设你更新了 10 行数据，然后尝试更新另一个表，但第二次更新出错。如果你没有使用事务，前 10 次更新仍然会生效，可能会导致数据库不一致。使用事务可以在错误发生时回滚所有更改，确保数据库保持一致性。

■数学、聚合和 GROUP BY

SQLite 提供了丰富的内置数学函数和聚合函数，用于对数据进行计算。可以使用 GROUP BY 子句按列对行进行分组，并结合聚合函数进行统计。

首先，可以按列对行进行分组：

```
1  SELECT date, USD from euro GROUP BY date;
```

这将返回每个日期的美元汇率，但并不是特别有用。更好的做法是将 GROUP BY 与聚合函数结合使用，例如：

```
1  SELECT count(date),
2        date, avg(USD),
3        min(USD), max(USD)
4      FROM euro
5      GROUP BY
6        date(date,"start of month");
```

这段代码按月分组，返回每个月的日期、美元汇率的平均值（avg）、最小值（min）和最大值（max）。你可以查看 2000 年的数据，那时正值互联网泡沫破灭。

逐步解析这段代码。

（1）SELECT 用于开始选择操作。

（2）count(date) 用于计算每个 GROUP BY 组中具有日期值的行数（null 值不计入）。

（3）date, avg(USD) 列出你想选择的字段，avg(USD) 用于计算每个组的美元汇率平均值。

（4）min(USD), max(USD) 用于返回美元汇率的最小值和最大值。可以使用 as 给这些聚合值起别名，例如 min(USD) as min，这样可以在查询中直接引用 min。

（5）FROM euro 指定查询 euro 数据表。

（6）GROUP BY 按某些标准对结果进行分组。

（7）date(date,"start of month") 将日期转换为月初日期，这样可以按月份对结果进行分组。

（8）使用 ; 结束语句。

最后，给你一个挑战任务：使用 ORDER BY 按 avg(USD) 的升序或降序排列结果。你需要阅读 ORDER BY 的文档，学习如何进行排序，并尝试使用 as 重命名列名。

■ Python 访问

本节习题的任务简单明了，但对你来说可能会有一些挑战：使用 Python 重复本节展示的所有 SQL 操作。

为了完成这个任务，你需要查阅 Python 的 sqlite3 文档。文档中详细描述了如何使用该模块。在习题 55 中，已经讲了如何研究文档，现在是时候应用这些技能了。

在解决这个问题时，必须使用 SQL 中的占位符值。请查阅文档中关于“如何使用占位符在 SQL 查询中绑定值”的部分。如果链接没有直接跳转到该部分，可以尝试在页面中搜索“placeholders”一词。

习题 58 SQL 规范化

在习题 57 中，我们通过欧洲中央银行的历史欧元汇率数据集学习了 SQL 的基础知识。本节习题将带你进一步了解数据的“规范化”过程，并通过将数据拆分为多个表来实现规范化，从而掌握数据建模的技巧。

■ 什么是规范化

规范化的目标是减少数据集中的冗余。简单来说，当你在数据中发现重复时，可以将这些重复部分提取到一个单独的表中，然后通过一个 id 字段将表与表关联起来。虽然规范化的概念可以变得相当复杂和理论化，但其基本思路就是如此。

规范化数据有以下几个优点。

（1）减少数据冗余，这通常能提高性能（尽管并不总是如此）。

（2）通过重新组织数据，你可能会对数据的结构有更清晰的认识，从而获得更好的分析见解。

（3）很多查询会变得更加高效，因为你可以将搜索范围缩小到特定的数据，而不必总是在所有数据中查询（尽管这也并非绝对）。

（4）扩展数据时，修改一个小表比修改一个庞大的表要简单得多。

（5）规范化会促使你明确两组数据之间的关系。例如，一个用户是否可以有多个购买记录？一个购买记录是否对应多个用户？规范化会让这些问题浮出水面，并促使你给出明确的答案。

（6）掌握“规范化”这个术语会让你显得更加专业。

规范化通常分为以下几个阶段，称为“范式”。

（1）第一范式（1NF）—— 确保每种类型的数据和每个数据片段都放在独立的行和列中。

（2）第二范式（2NF）—— 将表中与主键相关的冗余数据移动到单独的表中。

（3）第三范式（3NF）—— 要求每一行中的所有信息都只与该行的主键相关。大多数人会在第三范式停下来，因为进一步的规范化可能会让数据变得过于复杂，不符合应用程序的实际需求。

接下来，我们将以欧洲中央银行的数据表为例，逐步将其规范化至第二范式（2NF）。对于这个数据集，进一步规范化到第三范式（3NF）并没有太大的必要。

■ 第一范式（1NF）

作为一个实用主义者，我认为只要现有的数据能满足需求，就可以直接使用它。对于那些关注欧元与其他货币汇率的人来说，欧洲中央银行的数据集已经足够了。无论是绘制图表，还是进行时间序列分析或其他常见的金融分析，这个数据集都是不错的选择。

但是，如果你想创建一个更复杂和丰富的数据库，规范化数据就显得尤为重要。如果你查看欧洲中央银行的数据，其设计如表 58-1 所示。

表 58-1　欧洲中央银行数据

Date	USD	JPY	BGN	...
2023-09-19	1.0713	158.2	1.9558	...

现在，假设你需要追踪哪些国家已经停止使用他们的货币。虽然这种情况不常见，但确实会发生。如表 58-2 所示，如果你使用这个巨大的表，每当有一种货币停用时，都需要新增一列布尔类型的字段。

表 58-2　货币停用时间表

Date	USD	USD_done	JPY	JPY_done	BGN	BGN_done
2023-09-19	1.0713	0	158.2	0	1.9558	0

这种设计方式显得非常笨拙。如果你还需要追踪每个国家的货币全称，又该怎么办？你需要为每种货币新增一个字符串类型的列。想到这个表格可能会变得如此庞大和复杂，我甚至都不敢展示给你看……

这种数据被称为“非规范化”数据，因为它包含大量冗余。冗余主要存在于表的结构中，而不是数据本身。理解这一点很重要，因为在原始的 .csv 文件中，数据没有太多冗余。每种货币在每个日期都有一列唯一的汇率数据。问题在于，表的结构引入了冗余，每次新增关于某种货币的信息时，都会引发更多问题。

以上就是我们要消除离散数据冗余的原因。所谓离散数据，指的是那些具有有限取值的数据。在这个数据集中，货币代码是有限的，因此可以通过规范化来减少冗余。而汇率数值是连续的，可能在任意范围内变化，因此对汇率进行规范化并没有实际意义。相反，像货币代码或货币是否停用这样的离散数据，则非常适合规范化处理。

如果我们尝试通过创建一个单独的 currency 列来解决这个问题，如表 58-3 所示，会怎么样？

表 58-3　新增一列的数据表

Date	currency	rate
2023-09-19	USD	1.0713
2023-09-19	JPY	158.2
2023-09-19	BGN	1.9558

现在，我们解决了表结构中的重复问题，但暴露了数据的重复性。如果你对整个表进行这样的操作，会发现每种货币在每一天都会重复出现。你可以添加我提到的字段，例如 discontinued（是否停用）、currency_name（货币名称）等列，但这些列中的数据也会在每个日期重复出现。

尽管存在这些问题，上表已经符合第一范式（1NF）的要求，可以进入下一步。另一个问题是那些包含多个数据元素的列。假设数据如表 58-4 所示。

表 58-4　一列包含多个数据元素的数据表

Date	currency	rate
2023-09-19	USD	[1.0713, 1.588]
2023-09-19	JPY	[158.2, 257.8]
2023-09-19	BGN	[1.9558, 2.34]

在 SQL 中处理这样的数据是非常困难的。例如，我将汇率作为一个包含两个数字的列表。要解决这个问题，需要提取每个数值并为其创建一个新行，如表 58-5 所示。

表 58-5　创建新行后的数据表

Date	currency	rate
2023-09-19	USD	1.0713
2023-09-19	USD	1.588
2023-09-19	JPY	158.2
2023-09-19	JPY	257.8
2023-09-19	BGN	1.9558
2023-09-19	BGN	2.34

实现第一范式（1NF）

在大多数情况下，使用 SQL 直接转换数据是可能的，但我们的 SQLite3 欧元表已经变得相当复杂，估计无法直接用 SQL 来处理。虽然你可能有办法做到，但通过修改 ex57.py 脚本，使用 Python 和 SQLite3 来创建表会更为简单。

在此阶段，我希望你按以下步骤实现一个符合第一范式（1NF）的表。

（1）修改 ex57.py 脚本，使其在表不存在时创建该表。

（2）像之前一样加载数据，但这次不再写入新的 .csv 文件，而是通过 Python 的 SQLite3 直接将数据写入数据库。

（3）此阶段唯一的目标是创建一个符合第一范式（1NF）的表。请记住，你将在下一个环节中进一步修改这个脚本，将其规范化至第二范式（2NF）。

（4）一旦你完成这些操作，数据量会急剧增加。为了节省时间，可以考虑在处理几百行数据后停止。

在 SQL 中创建表

为了实现上述目标，你需要掌握如何创建和删除表。创建表的语法如下：

```
1 CREATE TABLE IF NOT EXISTS rate
2   id INTEGER PRIMARY KEY AUTOINCREMENT NOT NULL,
3   date DATE, currency TEXT, rate FLOAT;
```

其中，IF NOT EXISTS 是可选的。你可以通过阅读 CREATE TABLE 的文档来了解完整的语法。这个语句将创建一个名为“rate”的表，包含四个字段：id、date、currency 和 rate。INTEGER PRIMARY KEY AUTOINCREMENT 用于创建一个 id 字段，其值在每次插入时自动递增。因此，在执行插入操作时，无须提供 id 值，数据库会自动生成编号。

如果表已经存在，你可以使用以下语法删除它：

```
1 DROP TABLE IF EXISTS table_name;
```

IF EXISTS 也是可选的，建议你每次使用数据库时，都假设它是一个全新的空数据库。因此，你可以在每次运行脚本时，先删除已有的表，然后重新创建表。这样可以避免处理已有数据的复杂逻辑，否则需要编写额外代码来检查表中是否已有数据，并据此决定如何加载新数据。

■第二范式（2NF）

现在我们已经将数据转换为符合第一范式（1NF）的表，并重复了货币名称，如表 58-6 所示。

表 58-6 符合第一范式的表

Date	currency	rate
2023-09-19	USD	1.0713
2023-09-19	JPY	158.2
2023-09-19	BGN	1.9558

接下来，我们要将货币信息提取到一个新表中，并与汇率表关联起来。最终我们会得到表 58-7。

表 58-7 与汇率表关联的新表

id	date	currency_id	rate
1	2023-09-19	1	1.0713
2	2023-09-19	2	158.2
3	2023-09-19	3	1.9558

注意，我们用 currency_id 替换了 currency，并通过表 58-8 引用货币信息。

表 58-8 货币信息表

id	currency
1	USD
2	JPY
3	BGN

虽然我们只是将重复的货币名称替换为数字，但这是规范化的关键步骤。记住，规范化的目标是消除离散数据冗余。currency_id 可以是任何数字，而货币名称是一组固定的值。这样做还允许你在 currency 表中添加更多列，而这些列在 1NF 版本的表中是难以添加的。

实现 2NF

在实现 2~F 数据库设计时，有以下两种主要的方法供你选择。

- 使用 SQL 进行迁移：编写 SQL 语句，将当前数据库结构转换为 2NF。这种转换过程称为“迁移”（migrations），在现代数据库开发中非常重要，因为它允许你在不关闭生产环境的情况下升级数据库。
- 直接重写 ex57.py 脚本：由于你是第一次加载这些数据，因此可以直接在脚本中使用新的设计结构，从一开始就优化数据。这是最理想的情况，因为你可以在数据进入生产环境之前处理好数据，避免日后需要复杂的迁移。

在本节习题中，我希望你能尝试以下两种方法。首先，使用 SQL 将数据转换为新的两表结构。其次，重写 ex57.py 脚本，让它直接使用新设计。通过比较这两种方法，你能更好地理解它们的差异，并根据不同情况选择合适的方法。

为了帮助你快速开始，以下是用于实现第一种方法的 SQL 代码：

代码 58.1: euro_migrate.sql

```
1  DROP TABLE IF EXISTS currency;
2
3  CREATE TABLE currency (id INTEGER PRIMARY KEY
4    AUTOINCREMENT NOT NULL, currency TEXT);
5
6  ALTER TABLE rate ADD COLUMN currency_id INTEGER;
7
8  INSERT INTO currency (currency) SELECT currency FROM rate GROUP BY
   currency;
9
10 UPDATE rate SET currency_id = currency.id FROM currency WHERE
   rate.currency = currency.currency;
11
12 ALTER TABLE rate DROP COLUMN currency;
```

这些 SQL 语句可能需要根据数据情况进行调整。如果你希望程序更加安全，可以考虑使用事务。现在，让我们逐行解析 euro_migrate.sql 文件。

（1）首先使用 DROP 命令删除 currency 表，并加上 IF EXISTS，确保即使数据库为空，SQL 语句也能正常运行。

（2）使用 CREATE 命令创建 currency 表。由于第一行已经删除了旧表，因此不需要再检查表是否存在。

（3）使用 ALTER TABLE 命令为 rate 表添加 currency_id 列。ALTER TABLE 用于修改表结构，虽然有一些限制，但你可以通过阅读文档深入了解。

（4）当表结构符合要求后，使用 INSERT INTO 将数据插入 currency 表，数据从 rate 表中选取。SELECT currency FROM rate GROUP BY currency 是一个子查询，生成所需数据，然后用 INSERT INTO 遍历每行结果并插入 currency 表。

（5）一旦 currency 表填充完毕，使用 UPDATE 命令将 rate 表中的 currency 字段替换为 currency_id，条件是 rate.currency = currency.currency。

（6）使用 ALTER TABLE 从 rate 表中删除 currency 列，完成转换。

研究这个 SQL 文件将对你的学习非常有帮助。你可以通过 sqlite3 euro.sqlite3 命令打开数据库，并逐行执行这些 SQL 语句。执行每条语句后，使用以下命令查看数据库状态。

（1）sqlite> .schema rate——查看 rate 表的结构。

（2）sqlite> .schema currency——查看 currency 表的结构。

（3）sqlite> select * from rate——查看 rate 表中的所有数据。

（4）sqlite> select * from currency——查看 currency 表中的所有数据。

通过这些命令，你可以检查数据库的内容，理解这些 SQL 语句的作用。

使用 Python

虽然迁移非常有用，但在当前场景下，最好一开始就将数据处理正确。通过仔细研究数据，并在生产环境前确定最优结构，可以避免日后的诸多麻烦。为此，你需要修改 ex57.py，并完成以下步骤。

（1）创建新的数据库结构，包含 rate 和 currency 表。

（2）使用 csv.DictReader() 替代 csv.reader()。两者功能相似，但 csv.DictReader() 返回的每一行就是一个字典，其中列名为键。这是提取每行中所有国家列表的关键。

（3）从行的数据中提取日期。现在你有 rate.date、rate.rate 和 currency.currency 这些键和值。

（4）将第一行数据插入 currency 表。由于货币列表只需插入一次，可以使用 csv.DictReader() 返回的第一行数据来加载 currency 表。

（5）currency 表加载完毕后，查询它以获取 currency_id，并将其存入一个新的字典，以便在构建 rate 表时使用。

（6）处理每一行数据，插入每个 rate 和 currency_id。

你可能会发现，这种方法比使用 SQL 迁移要复杂得多。你可以尝试一种折中的方法：像以前一样加载 rate 表，然后使用之前提到的 SQL 语句进行转换。

■ 查询 2NF 数据

现在我们可以探讨如何使用 SQL 的 SELECT 语法在表中进行查询。如果我想查询 2023 年 1 月 1 日之后的所有美元汇率，可以这样写：

```
1 SELECT * FROM rate, currency WHERE
2   rate.currency_id=currency.id
3   AND currency.currency='USD'
4   AND date(rate.date) > date('2023-01-01');
```

让我们逐步解析以上查询操作。

（1）SELECT * 表示选择所有列。如果你只需要某些列，可以指定列名，例如 rate.date、rate.rate、rate.currency_id 和 currency.currency。

（2）FROM rate, currency 表示要查询的表是 rate 和 currency。如果不连接它们，查询结果将毫无意义。

（3）WHERE rate.currency_id = currency.id 通过 rate.currency_id 和 currency.id 连接两个表。这一条件告诉 SQL 将 rate 和 currency 中的每一行匹配起来。

（4）AND currency.currency ='USD' 进一步缩小结果范围，只返回 currency.currency 为 'USD' 的行。

（5）date(rate.date) > date('2023-01-01') 使用 date() 函数将 rate.date 转换为日期对象，并与 '2023-01-01' 进行比较。你可以查阅 SQLite3 日期和时间函数的文档，了解更多用法。

如果你正确执行了这个查询，只会返回 2023 年美元的汇率数据。如果你忘记了 rate.currency_id = currency.id，会发生什么？尝试运行以下查询，并观察结果数量的差异：

```
1  sqlite> SELECT count(*) from rate, currency
2     WHERE currency.currency='USD' AND
3     date(rate.date) > date('2023-01-01');
4
5  7544
6
7  sqlite> SELECT count(*) from rate, currency WHERE
8     rate.currency_id=currency.id AND
9     currency.currency='USD' AND
10    date(rate.date) > date('2023-01-01');
11
12 184
```

第一个查询结果是 7544，而第二个查询结果是 184。没有 currency_id = currency.id 的查询结果毫无意义，数量也会大大增加。这是因为 SQL 在没有关联的情况下，将两个表进行了交叉连接，产生了无效的结果。实际上，我很难想象在什么情况下你会想要这样的结果。你还会发现，查询结果中的汇率也不合理，比如某天美元的汇率是 1.07，而第二天却变成了 8.9。

■ 使用 JOIN 进行查询

许多 SQL 用户认为，只有理解了“连接”（JOIN），才算真正掌握了 SQL。连接是一种让 SQL 在多个表之间进行搜索并将结果组合在一起的方式。问题在于，大多数连接操作只是在表之间进行简单等值比较。稍不注意，连接就会带来意想不到的结果，特别是在使用较为复杂的连接类型（如 LEFT OUTER JOIN）时。

让我们再看一下刚刚的查询，这次只显示返回结果的数量：

```
1 SELECT count(*) FROM rate, currency
2     WHERE rate.currency_id=currency.id
3     AND currency.currency='USD'
4     AND date(rate.date) > date('2023-01-01');
```

在我的数据库中，以上查询返回 184 条记录。现在，让我们使用 JOIN 来实现同样的查询：

```
1 SELECT count(*) FROM rate
2     JOIN currency ON rate.currency_id=currency.id
3     WHERE currency.currency='USD'
4     AND date(rate.date) > date('2023-01-01');
```

结果还是 184 条。它产生了完全相同的结果，语法也几乎一致。唯一的区别是，我们将 WHERE 子句中的 rate.currency_id = currency.id 移到了 JOIN ON 子句中。

虽然还有其他形式的连接，但大多数情况下，它们可能会产生一些意料之外的结果，除非你非常清楚自己在做什么。某些连接的变体会返回一个或两个表的所有数据，并用 null 填充缺失的数据。老实说，在我 30 多年的数据库使用经验中，几乎没有真正有过这种情况。大多数时候，我只需要从某些表中获取由其他表约束的结果。

那么你应该使用哪种方式呢？选择最适合你的方式即可！我个人更倾向于使用 WHERE 版本，因为我知道它会精确返回我指定的数据，不会因为数据库差异导致出现奇怪的结果，也不需要借助韦恩图来理解返回的数据。而你可能喜欢使用 JOIN，因为它看起来更简洁，或者因为你只需要在 FROM 后提到一个表。无论你的理由是什么，只要你擅长使用选择的方式，并了解另一种风格即可。

■ 温故知新

针对第二范式（2NF）数据库，编写更多查询来回答以下问题。

（1）2022 年美元的平均汇率是多少？

（2）所有年份中，日元的最低汇率是多少？

（3）根据你对 UPDATE 的了解，确保 rate.rate 列中所有值为 ‘N/A’ 的行都被设置为 null。

（4）解释以下 SQL 语句的作用：

```
1 SELECT count(*) as total, currency.currency
2     FROM rate, currency
3     WHERE rate.currency_id = currency.id
4     AND rate.rate is null
5     GROUP BY currency.currency
6     ORDER BY total DESC;
```

试着猜测它的功能，然后查阅 SQLite3 官方文档中任何不理解的关键词或语法。当你觉得自己理解了这段 SQL 语句，运行它，看看你的分析是否正确。

最后，思考为什么我使用 count(*) 而不是 count(rate.rate)，如何将这段查询语句改写为使用 JOIN 的形式。

习题 59 SQL 查询关系

在本节习题中，我们将讨论 SQL 中的关系概念。严格来说，每个表都是一个“关系”（relation），但我们将更具体地探讨表与表之间的不同关联方式。

一对多（1:M）

在 SQL 中，关系是通过表中的 id 列将一个表与另一个表关联起来。通过这种方式，可以实现“一对多”或“多对多”的关系。在欧洲中央银行（The European Central Bank，ECB）的数据集中，每个国家都有一个汇率，而该汇率对应一种货币。我们可以这样描述 rate 表和 currency 表之间的关系：“一个汇率（Rate）对应一种货币（Currency），一种货币对应多个汇率。”

在我们第二范式（2NF）版本的 ECB 数据中，通过在 rate 表中放置一个 currency_id 来实现这种关系。每一行汇率数据都只对应一个 currency_id，但查询某个特定 currency_id 时，SQL 会返回该货币的所有日汇率，从而实现“一种货币对应多个汇率”的关系。

Python 中的一对多

为了帮助你更好地理解这些概念，可以看看在 Python 中如何实现“一对多”关系。如果我想在 Python 中表示“一个汇率对应一种货币”，我会这样做：

```
1  class Rate:
2      def __init__(self, date, rate, currency):
3          self.date = date
4          self.rate = rate
5          self.currency = currency
```

这里，我为 Rate 类创建了一个 currency 属性，并将其设置为对应的货币。在 SQL 中，这种关系通过 rate 表中的 currency_id 实现，而在 Python 中则通过赋值操作来实现。

另一方面，要表示“一种货币对应多个汇率”，在 Python 中我会这样实现：

```
1  class Currency:
2      def __init__(self, rates):
3          # rates 是一个包含多个 Rate 对象的列表
4          self.rates = rates
```

在这个例子中，rates 是 Rate 对象的列表，对应于 SQL 中 rate 表的多行数据。

一对多的问题

现在，我们遇到了一个问题：一个 Rate 对象需要关联一个 Currency 对象，但 Currency 对象又需要包含多个 Rate 对象的列表。看看下面的代码，它尝试创建一个 Currency 对象和几个 Rate 对象：

```
1  jan_usd = [Rate('Jan', 1.2, usd), Rate('Jan', 1.3, usd)]
2  usd = Currency(jan_usd)
```

问题在哪儿呢？在创建 jan_usd 列表时，我无法使用 usd 变量，因为它还没有被创建。而我又不能在 jan_usd 列表填充完之前创建 usd。有几种方法可以解决这个问题，但我想让你自己先思考一下解决方案。

任务：设计一个 Rate 类和一个 Currency 类，使它们能够正确地模拟 SQL 数据库结构。你会如何让 Currency 获取它的 Rate 列表？你会如何让 Rate 获取对应的 Currency？如果你能仅使用 SQLite3 模块从数据库中加载这些对象，将会有额外加分。当然，其他变量创建方法也是可以接受的。

■ 多对多（M:M）

另一种常见的关系是“多对多”关系，可以表述为：“一个汇率（Rate）可以对应多种货币（Currency），一种货币也可以对应多个汇率（Rate）。”

实际上，这种表述在我们的 ECB 数据中是不正确的，但如果我们确实想这样建模，需要引入第三张表，通常命名为“rate_currency”。该表包含 rate.id 和 currency.id 的组合，用于表示两者之间的关系，如表 59-1 所示。

表 59-1　rate_currency 表

rate_id	currency_id
1	1
2	2
3	3

在这种结构下，currency 表保持不变，但 rate 表需要进行修改，如表 59-2 所示。

表 59-2　rate 表

id	date	rate
1	2023-09-19	1.0713
2	2023-09-19	158.2
3	2023-09-19	1.9558

你需要删除 rate 表中的 currency_id 列，并将其移到 rate_currency 表中。如此一来，任何日期的汇率都可以与任何货币关联。此外，你还需要为 rate 表中的每一行添加一个 id 列。

不过，这样做并不合适。虽然这种设计使得数据库更加灵活，但它也让数据库变得过于复杂，而带来的好处却非常有限。这并不意味着多对多关系是错误的；实际上，它们在很多场景中非常有用。但在当前这个场景中，使用多对多关系并不合适。我在这里这样做，主要是为了演示这个概念。

提示：你可能注意到，在命名表时，我通常使用单数形式，而不是复数。这是因为英语的复数形式不统一，容易引发混淆。更重要的是，表不仅仅是“rates”的容器，它更像描述“rate”的结构。你可以把 SQL 表想象成 Python 中的类，而每一行数据就是这个类的一个实例。你不会把 Person 类命名为 People，同理，表的命名也应遵循这个原则。

多对多的问题

在 ECB 数据集中实施这种多对多模型并不是一个好主意。为了让你亲身感受这一点，我希望你完成这个转化并实际使用它。你的任务是编写一个新的迁移脚本和加载器脚本，将你的第二范式（2NF）ECB 数据库转化为一个多对多模型。

你可以从最擅长的部分开始。如果你对 Python 比较有信心，但对 SQL 不太熟悉，可以先在纯 Python 中创建多对多模型，而不涉及数据库。如果你对 SQL 比较有把握，可以先编写一个迁移脚本，创建多对多表。或者，你可以先编写一个新的加载器脚本，来创建多对多模型。

■ 一对一（1:1）

一种不太常见的关系是“一对一”关系，通常表述为：“一个汇率（Rate）对应一种货币（Currency），一种货币对应一个汇率。”

虽然在 ECB 数据中这种关系不适用，但如果你需要建立这样的关系，只需在 rate 表中添加一个 currency_id，同时在 currency 表中添加一个 rate_id，这样就可以确保两者实现一对一关联。

不过，你需要问自己：为什么不直接扩展其中一个表，将新的信息添加进去？如果 rate 表中的每一行都对应 currency 表中的一行，那么这两张表完全可以合并成一张表。将 currency 表的数据直接放入 rate 表中，可以减少管理上的复杂性。

有时，使用一对一关系的原因可能是你无法更改其中一个表。例如，rate 表可能太大，无法承载更多信息，或者它被某个旧服务使用，该服务无法处理更多列。甚至可能是因为某位固执的数据库管理员不允许你在生产表上使用 ALTER TABLE。无论什么原因，一对一关系通常是你无法扩展表时的一种替代方案。

■ 属性关系

属性关系是为多对多关系的中间表添加额外信息的方式。在某些情况下，这非常有用。

举个例子，在我们的 rate_currency 表中，你可以添加一个 updated_at 列，用来记录这条关系最后一次更新的时间，如表 59-3 所示。

表 59-3　增加更新时间

rate_id	currency_id	update_at
1	1	Jan 1,2023
2	2	Jan 10,2023
3	3	Aug 3,2023

在这个例子中，updated_at 列可能看起来并不是特别有用，但在某些情况下，当你有一些数据不属于多对多关系中的任意一方时，属性关系就显得非常有价值。每当你问自己“更新时间应该放在汇率（rate）还是货币（currency）上”时，可能真正需要的是记录连接关系的更新时间，这种情况下，最好的做法是将该信息放在连接表中。

■ 查询多对多表

查询一对多表和多对多表的方式实际上非常相似。唯一的区别是，你需要多连接一个通过 id 列关联的表。以下是查询本练习中的多对多数据库的示例：

```
1  SELECT count(*) FROM
2    rate, currency, rate_currency
3    WHERE rate.id=rate_currency.rate_id
4    AND currency.id=rate_currency.currency_id
5    AND currency.currency='USD'
6    AND date(rate.date) > date('2023-01-01');
```

我将原来的 rate.currency_id=currency.id 修改为使用 rate_currency 表中的 id 列进行连接。简单地将三个表关联起来，就可以进行查询了。

那么如果使用 JOIN，你会怎么做呢？

```
1  SELECT count(*) FROM rate
2    JOIN currency
3      ON rate_currency.currency_id=currency.id
4    JOIN rate_currency
5      ON rate_currency.rate_id=rate.id
6    WHERE currency.currency='USD'
7    AND date(rate.date) > date('2023-01-01');
```

老实说，我并不觉得这种写法比之前的 WHERE 写法更好。它并不算差，但我觉得 WHERE 版本更加直观，也更容易理解。你可以根据自己的喜好选择使用哪种方式。

■ 最后的温故知新

恭喜你完成了这门课程的所有习题！我希望在学习过程中，你不仅掌握了知识，还增强了自信。作为你最后的学习任务，我建议你阅读乔·塞尔科（Joe Celko）所著的 *SQL for Smarties*。尽管这本书的最后一次更新是在 2014 年，但 SQL 从那时起并没有太大变化。这本书是你能找到的最全面的 SQL 书籍之一。如果你想深入了解 SQL，通过使用 SQLite3 完成这本书的内容将为你提供更深刻的理解。

你可能觉得目前已经学到了足够多的知识。的确，短期内这些知识确实够用。但是，当你遇到复杂问题时，更深入的 SQL 知识将帮助你轻松解决问题。即使你的未来目标不在数据科学领域，SQL 的广泛应用也使深入学习它成为一种非常值得的投资。

习题 60 来自一位资深程序员的建议

想象一下，现在是 1820 年，你想为母亲画一幅精美的肖像。你听说粉彩画很流行，不仅制作速度快，还能在你家的烛光下显得格外美丽。于是，你联系了一位画家，他来到你家，为母亲绘制了一些初步的草图，并安排了几次回访以完成这幅画。由于使用的是粉彩，这位画家仅用 6 小时便完成了一幅精美的肖像，还让你的母亲显得更加年轻。这仅花费了你一周的工资，相比油画来说，真是物超所值。

几十年过去了，你的孩子们也想为你留下美好的记忆。现在是 1840 年，他们为你安排了一次拍照！这令你兴奋不已，因为照片看起来如此真实，拍摄过程也非常简单。你来到摄影师的工作室，穿上自己最好看的衣服，坐在椅子上，摄影师为你拍了一组照片。整个过程只花了 30 分钟，拍照的瞬间更是快如闪电。随着时间的推移，更多的拍照方式被发明出来，几十年后，摄影彻底改变了世界，带来了深远的影响。最终，你母亲的那幅粉彩画可能已被遗忘在某个角落。

时至今日，你（而不是 1820 年的你）生活在一个由摄影塑造的世界里。你正通过计算机屏幕学习这门课程，而这种屏幕可以说是早期相机的直接后代。或者，你是在一本通过摄影技术印刷的书上阅读这些内容。事实上，你的计算机本身也是摄影技术的产物——早期制造 CPU 的工艺与冲洗胶片的过程极为相似。不仅如此，如果没有摄影技术来交换原理图、设计图、文档，以及制造设备所需的各种材料，这台计算机可能根本不会存在。再看看你的健康状况，摄影和绘画技术也极有可能在其中发挥作用，帮助像拜耳这样的公司开创了现代化学制造业。如果没有通过工业化化学技术制造的颜料，可能就不会有阿司匹林、抗生素、X 光，甚至 DNA 的照片。

我坚信，摄影技术创造了现代世界。同样，我也坚信，大家现在正处于计算机领域革命的前沿，而这场革命由生成式人工智能（Generative AI）的出现所引领。虽然目前还处于早期阶段，但像大语言模型（Large Language Model，LLM）和 Stable Diffusion 这样的技术已经展现出巨大的潜力，并且还在快速发展。这些技术最终将推动更高效、更先进的科技进步，就像摄影技术最终催生了现代相机传感器的硅片。如果这些技术继续演进，未来的编程世界会发生怎样的变化呢？

我认为，程序员的未来可能会像当年画家们在摄影技术普及后所经历的转变一样。在摄影出现之前，如果你想留住母亲的记忆，必须雇用一位艺术家。但现在许多画家失去了工作。如今，能够找到一位擅长绘制写实肖像的画家已经非常罕见。我相信，编程的发展路径可能会类似：未来可能很少有人会在没有 AI 或自动化工具帮助的情况下，从零开始编写代码。

那么，如果编程的未来如此，为什么还要学习编程呢？原因和我学习画写实肖像画是一样的：编程不仅仅是为了帮某个亿万富翁把按钮调成矢车菊蓝色而获取报酬！

我学画画是因为我喜欢它，事实证明，我确实非常享受绘画的过程。虽然我可以轻松拍一张照片，但绘画带给我的成就感，是摄影无法取代的。我学编程也是基于同样的原因——我喜欢通过代码控制计算机的感觉，编程带来的那种掌控感和创造力，AI 无法给予。我编程并不是为了赚钱，而是因为我热爱它。

作为一名新手程序员，这对你来说意味着什么？摄影与绘画的故事在 20 世纪继续演变。画家们逐渐意识到，他们不再需要追求逼真的写实风格，可以自由创作，表达内心的思想和情感。绘画从谋生手段转变为一种人类表达的形式，这就是我们今天所说的“艺术”。

我相信，编程也将很快发生类似的转变。程序员将从那些烦琐、重复的任务中解放出来，比如“把这个按钮放大 20%”这样的工作完全可以交给 AI 去完成。相反，程序员将能够通过编程来表达自己的思想、创意和情感。当然，现实生活中，许多人在需要收入时，仍然会去做那些枯燥的工作（这并无可厚非）。就像很多艺术家为了支付房租，也曾画过几幅猫咪肖像画一样。随着时间的推移，编程将逐渐转变为一种新的艺术形式，用于表达自我，而不仅仅是一份无聊的工作。

这种转变不会立刻到来，但我希望这本书能帮助你为此做好准备。学习数据科学是理解生成式 AI 模型运作的第一步。了解这些技术的运作原理，将使你在未来的编程世界中拥有更多的掌控力。现在学习编程，也是你迈向创造自己软件梦想的第一步。或许未来，每个人都能成为一种形式的独立开发者。但如果你愿意保持开放的心态，并拥抱新技术，那么你将会迎来一个充满希望且激动人心的未来。

在此之前，如果你能利用我教给你的知识找到一份工作，或创办一家小型企业，我会感到非常自豪。我并不反对将编程作为谋生的手段，毕竟，如果你连自己都无法养活，编程的艺术化未来也无从谈起。

质检18